电力系统及其自动化研究

宋　宇◎著

中国建材工业出版社
北　京

图书在版编目（CIP）数据

电力系统及其自动化研究/宋宇著.--北京：中国建材工业出版社，2024.12

ISBN 978-7-5160-3993-9

Ⅰ.①电… Ⅱ.①宋… Ⅲ.①电力系统自动化－研究 Ⅳ.①TM76

中国国家版本馆CIP数据核字(2024)第009307号

内 容 简 介

本书是一本关于电力系统及其自动化方面的图书。首先，对电力系统基础知识进行简要概述，介绍电力系统的基本特征与方法。其次，对电力系统进行梳理和分析，包括电力发电系统、电力系统高压输电技术、电力系统的调整控制与继电保护。最后，围绕电力系统调度自动化与经济运行、配电网与变电站自动化、电力系统自动化的应用进行探讨。本书可以作为从事电力系统及其自动化研究等工作人员的参考资料，也可以作为高等学校电力系统等相关专业的教学参考用书。

电力系统及其自动化研究
DIANLI XITONG JIQI ZIDONGHUA YANJIU
宋　宇　著

出版发行：中国建材工业出版社
地　　址：北京市西城区白纸坊东街2号院6号楼
邮政编码：100054
经　　销：全国各地新华书店
印　　刷：北京四海锦诚印刷技术有限公司
开　　本：787mm×1092mm　1/16
印　　张：8.25
字　　数：160千字
版　　次：2025年3月第1版
印　　次：2025年3月第1次
定　　价：88.00元

本社网址：www.jskjcbs.com，微信公众号：zgjskjcbs

前言

近年来，随着生活水平的不断提高，人们对生活中的能源消耗也越来越大，特别是对电力能源的使用。为了满足生活中对电力的需求量，我国不断扩大电力系统的规模，并且在电力系统中引进自动化技术，以提高电力能源的使用效率。

本书是一本关于电力系统及其自动化方面的图书，首先，对电力系统基础知识进行简要概述，介绍电力系统的基本特征与方法。其次，对电力系统高压输电技术进行梳理和分析，包括高压直流输电系统构成、直流输电系统的控制和运行特征、特高压交流输电技术。最后，围绕电力系统调度自动化与经济运行、配电网与变电站自动化、电力系统自动化的应用进行探讨。

在本书的策划和写作过程中，笔者参阅了国内外有关文献和资料，从中得到启示，同时得到了有关领导、同事、朋友及学生的大力支持与帮助，在此致以衷心的感谢。本书的选材和写作还有一些不尽如人意的地方，加上编者学识水平有限，书中难免存在不足之处，敬请同行专家及读者指正，以便进一步完善。

本书可以作为从事电力系统及其自动化研究等工作人员的参考资料，也可以作为高等学校电力系统等相关专业的教学参考用书。

著　者

2024 年 6 月

目录

第一章　电力系统概述

第一节　电力工业发展

电能是现代社会中最主要、最方便的能源，因为电能具有传输方便，易于转化成其他能量等优点，被广泛地应用于各行各业，可以说没有电力工业就没有国民经济的现代化。电力系统就是指由生产、输送，分配、使用电能的设备以及测量、继电保护、控制装置乃至能量管理系统所组成的统一整体。

一、“十四五”电力工业发展

“十四五”是实现碳达峰、碳中和目标的关键期、窗口期，电力行业包括电力装备产业发展面临新的发展机遇。预计“十四五”全社会用电量年均增长 4.8%~5.5%，2025 年将达到 9.5 万亿~9.8 万亿 kW · h。

“十四五”期间全国电力供需形势总体趋紧，电力缺口逐年扩大，传统支撑性电源稳步增长，新能源装机规模持续提升，电力建设投资稳步增大。构建新型电力系统，对电力系统装备提出了新的要求——适应“五化”要求，即能源配置平台化、能源生产清洁化、能源消费电气化、能源创新融合化、能源业态数字化。

一是适应能源配置平台化，创新电网发展方式。考虑到我国能源资源与需求逆向分布的特点，需持续完善核心骨干网架，加大各级电网建设投资力度，“十四五”期间，我国将新增 500kV 及以上交流线路 9 万 km，变电容量 9 亿 kV · A，尤其是特高压交直流作为解决资源禀赋约束的重要环节，成为构建新型电力系统重要组成部分，将再次迎来大规模建设。“十四五”国家电网规划新建特高压线路“24 交 14 直”，涉及线路长 3 万余 km，变电换流容量 3.4 亿 kV · A，总投资约 3800 亿元。南方电网规划 1 条特高压直流通道。特高压即将迎来新一轮建设高峰期，必将带动上下游产业链受益。

二是适应能源生产清洁化，提升新能源开发利用水平。发展改革委、能源局等九部门联合印发《"十四五"可再生能源发展规划》，明确可再生能源发电量增量在全社会用电量增量中的占比超过 50%，风电和太阳能发电量实现翻倍。同时，我国能源结构的基本特征是"富煤、贫油、少气"，燃气调峰电站发展不足，抽水蓄能和燃气电站占比仅约 6%，其中抽水蓄能占比约 1.4%，与发达国家相比抽水蓄能仍有较大发展空间。根据《抽水蓄能中长期发展规划（2021—2035 年）》，到 2025 年，抽水蓄能投产总规模 6200 万 kW 以上；到 2030 年，投产总规模 1.2 亿 kW 左右。"双碳"目标下，推动新能源装机快速增长。根据国家"风光大基地"规划以及各省陆续下发的"十四五"规划，2023—2025 年均新能源装机预期超过 150GW，行业长期增长前景广阔，新能源发电成本下降，经济效益显著。

三是适应能源消费电气化，促进节能降耗，满足用能需求。电力行业约占全社会碳排放总量的 40%。稳妥有序、因地制宜地推动电能替代，"十四五"期间，进一步拓展电能替代的广度和深度，在北方地区推动以电代煤清洁取暖，全面开展电能替代项目，努力构建政策体系完善、标准体系完备、市场模式成熟、智能化水平高的电能替代发展新格局。积极引导用户高效用能、绿色用能、节约用能，预计到 2025 年，电能占终端能源消费比重将达到 30%左右。加快建设充电基础设施，构建"十纵十横两环网"快充网络，有效地缓解电动汽车远距离出行的"里程焦虑"。

四是适应能源创新融合化，打造原创技术策源地。大力实施新型电力系统科技攻关行动，推进协同创新，加大研发经费投入，开展大电网安全稳定控制、虚拟电厂、特高压分接开关等重大技术攻关，攻克各种"卡脖子""无人区"技术难题，全方位提高自主创新能力，打造新型电力系统示范区。持续跟踪颠覆性技术发展趋势，强化基础研究和前沿技术布局，取得更多的原创成果。

五是适应能源业态数字化，加强能源互联网建设。深入应用"大云物移智链"等新一代信息技术，加快推动电网向能源互联网升级，实现电网生产、经营、管理等核心业务数字化转型，促进发输配用各领域、源网荷储各环节、电力与其他能源系统协调联动。加强产业链上下游协同，以数字平台服务推动上下游企业供需匹配、资源共享，促进产学研用深度结合，加快孕育能源数字经济新业态新模式，当好现代产业链的"链长"。

二、电力工业可持续发展背景下的绿色发展策略

（一）可持续发展理念在电力工业中应用的意义

可持续发展理念在电力工业中的应用具有重要的意义，其关注的是如何满足当前的能

源需求，同时保护自然资源和环境，并且确保满足未来世代的能源需求。

第一，环境保护与资源利用。可持续发展理念鼓励电力工业采用清洁和可再生的能源，如太阳能、风能、水能等，从而减少对化石燃料的依赖。这种理念不仅有助于减缓全球气候变暖和减轻环境污染，而且有助于长期有效地利用自然资源，确保未来世代的需求得以满足。

第二，社会责任与经济效益。可持续发展理念在电力工业中的运用，强调的不仅是环境保护，而且涉及社会责任。例如，通过提供就业机会、促进当地经济发展、确保能源价格合理等方式，为广大群众提供稳定、可靠的电力供应。同时，通过创新和技术改进，贯彻可持续发展理念可以提高能源利用效率，从而降低成本，实现环保与经济效益的双重目标。

第三，技术创新与长远战略。可持续发展理念有利于推动电力工业不断进行技术创新和研发，例如，开发更高效的储能技术、智能电网和先进的电力调度技术等。通过技术进步，电力工业可以实现更高效的能源利用和更灵活的供应方式。同时，长远的可持续发展战略有助于企业在市场竞争中树立良好的形象，并形成与合作伙伴和消费者之间的积极互动，从而为企业未来的持续发展奠定基础。

（二）电力工业的绿色发展现状

1. 环境影响评估

电力工业的发展对环境产生了重要的影响。传统的化石燃料发电方式导致大量的二氧化碳、二氧化硫、氮氧化物等排放，造成空气污染和温室气体的增加，加剧了气候变化和全球变暖。此外，在电力生产过程中会产生大量的废水和废气，对水资源和土壤质量构成潜在威胁。因此，开展全面的环境影响评估对于制定绿色发展策略至关重要，有助于识别问题，并采取相应的措施减轻负面影响。

2. 能源结构与碳排放

电力工业的能源结构直接影响其碳排放水平。目前，大多数国家仍然依赖化石燃料，如煤炭和天然气，这些能源产生了大量的碳排放。部分国家已经开始采用可再生能源，如太阳能、风能和水能等，但在全球范围内，可再生能源在能源结构中的占比仍然较低。为实现绿色发展，电力工业应推动能源结构的转型，增加可再生能源的比重，降低碳排放水平，并寻求更加清洁和可持续的能源解决方案。

3. 资源利用与废弃物管理

电力工业需要大量的资源，包括燃料、水和原材料等。对资源的过度利用可能导致资源短缺和环境退化。此外，电力工业会产生大量的废弃物，包括燃烧产物、灰渣和废水等，这些废弃物的随意排放和不当处理会对环境产生不良影响。因此，电力工业需要采取资源节约和废弃物减排措施，实现资源的高效利用和废弃物的有效管理，以降低电力工业对环境的负面影响。

4. 绿色技术与创新

为实现电力工业的绿色发展，绿色技术和创新发挥着至关重要的作用。随着科技的进步，绿色技术不断涌现，包括清洁能源的开发利用、能源转换效率的提升、碳捕获与储存技术等。智能电网技术和分布式能源系统的推广为电力工业带来了新的发展机遇。此外，数字化技术的应用为电力工业的运营和管理提供了更高效和更精确的手段。电力工业需要积极引进和推广这些绿色技术并加强创新，以加快转型升级，实现绿色发展的目标。

（三）电力工业绿色发展的关键挑战

1. 技术挑战

实现电力工业的绿色发展面临着技术方面的挑战。尽管绿色技术得到了不断发展，但可再生能源的不稳定性和间歇性以及清洁能源的成本较高，依然是技术挑战的重要方面。电力工业需要不断地改进可再生能源的储存技术并提高集成能力，以确保能源的稳定供应。此外，清洁煤燃烧、高效利用核能等绿色技术的推广也需要克服技术上的难题。因此，加大对绿色技术研发和创新的投入，提高技术水平，是电力工业绿色发展的关键。

2. 经济与政策挑战

电力工业的绿色转型涉及巨大的经济投入。可再生能源和绿色技术的应用与运维成本较高，这使得绿色能源在某些地区仍难以与传统能源竞争。此外，电力工业的绿色转型面临政策不稳定和缺乏明确支持的问题。政府政策的动态不一致性可能导致投资者犹豫不决，影响绿色项目的推进。因此，电力工业需要建立稳定的经济和政策环境，吸引更多的私人资本投入，以此推动产业绿色发展。

3. 社会认知与参与挑战

电力工业的绿色发展需要得到社会的广泛认可和参与。公众对绿色能源的认知和接受程度直接影响着绿色能源的推广和应用。然而，部分人群对新能源的安全性、稳定性和成本存在疑虑，这可能阻碍绿色转型的推进。因此，电力工业需要加强与公众的沟通和交流，开展宣传教育活动，提高社会对绿色发展的认知水平，强化公众对绿色转型的支持。

（四）基于可持续发展理念的电力工业绿色发展策略

1. 促进可再生能源发展

可再生能源是电力工业绿色发展的关键支柱，为实现清洁、可持续的能源生产和消费模式提供了有力支持。为推动可再生能源的发展，政府和企业应采取以下积极的政策措施和战略举措：

第一，政府应该制定并执行积极的政策措施，为可再生能源发展提供支持和保障。这些措施包括制定可再生能源配额制度和优惠价格政策，从而为可再生能源发电项目提供稳定的收益保障。此外，政府可以推出税收减免和补贴政策，以鼓励投资者参与可再生能源项目，从而降低其投资风险。第二，加强对可再生能源技术的研发与创新至关重要。政府和企业应加大投入，支持科研机构和高校在可再生能源领域的研究和开发。通过技术创新，不仅可以提高可再生能源设备的运行效率和稳定性，降低生产成本，还能推动可再生能源的大规模应用。第三，建设智能电网是促进可再生能源发展的重要一环。由于可再生能源发电的间歇性和不稳定性，智能电网能够实现能源的高效集成和分配，将多种能源资源优化组合，以保障电力系统的稳定供应。智能电网能够实现对可再生能源的精确调度和储能管理，从而提高其利用效率。第四，优化可再生能源的储存技术是推动可再生能源发展的关键所在。目前，电池储能技术、水泵储能技术以及氢能储存技术等均具有潜力，可以将多余的可再生能源及时储存，以备不时之需，这有助于平衡电力的供应和需求，进一步推动可再生能源的广泛应用。

2. 提高能源利用效率

提高能源利用效率是电力工业实现绿色发展的重要策略。通过采取一系列措施，可以降低电力生产和消费的能源消耗，从而减少碳排放和环境负担。

第一，对现有发电设施进行升级改造是提高能源利用效率的重要举措。采用先进的发电设备和清洁能源技术、优化发电工艺，以提高发电效率，均为减少电力生产能源消耗和碳排放的有效手段。同时，改进电力传输和配送系统，减少能源损耗，也是提高能源利用效率的重要工作内容。第二，推广高效节能设备和技术对于提高能源利用效率至关重要。在电力生产和使用过程中，采用节能型的燃煤锅炉、高效的涡轮发电机组以及智能化的电力传输设备，均能显著提高电力工业的能源利用效率。第三，推动电力系统的数字化管理，并应用智能电网技术实现对电力生产和传输过程的精准监测和调控，可进一步优化电力供给与消费结构，提高能源利用效率。第四，通过鼓励企业和居民采取节能措施，并形成节约用电的社会风尚，可促进能源资源的合理利用，通过加强宣传教育，增强公众的节能意识，鼓励节约用电和减少浪费，可以从源头上降低能源需求，从而推动电力工业向绿色、低碳方向转型。

3. 减少碳排放与污染

减少碳排放与污染既是实现电力工业绿色发展的紧迫任务，也是应对气候变化和环境问题的重要措施。为了实现这一目标，电力工业可以采取以下措施：

第一，推广清洁燃煤技术和高效低碳发电技术是降低碳排放的关键。清洁燃煤技术通过改进煤炭燃烧过程，减少燃烧产生的氮氧化物、硫氧化物等有害物质排放，减轻空气污染并避免酸雨的形成。高效低碳发电技术，如燃气-蒸汽联合循环发电、核能发电等，具有较低的碳排放水平，能够有效地减少温室气体的排放。第二，引入碳捕获与储存（CCS）技术是减少碳排放的一个重要手段。CCS 技术可以捕获电力工业排放的二氧化碳等温室气体，防止其进入大气，然后将其输送并封存至海底或地下，避免对气候产生影响。通过推广 CCS 技术，电力工业可以显著地降低碳排放量，为实现碳中和目标奠定基础。第三，对电力工业的废气和废水进行严格监管和处理是减少污染的重要措施。通过安装和使用先进的污染治理设备，电力工业可以有效地减少废气中的颗粒物、二氧化硫等污染物的排放，同时，对废水进行科学处理，减少对水体的污染。此外，采用绿色能源，如太阳能和风能等来取代传统能源，可以减少电力工业的污染物排放。

4. 推动能源多样化发展

在大力发展可再生能源的同时，应鼓励探索其他清洁能源，如核能发电和天然气发电，以实现能源供应的多元化和可持续性。

第一，发展核能是能源多样化发展的重要组成部分。核能作为一种低碳能源，不会产生大量的温室气体排放，具有稳定供应和高效性的特点。通过建设核电站，电力工业可以大幅减少碳排放量，并且可以满足电力系统对稳定电源的需求。当然，在发展核能时必须注重核安全和废料处理等问题，确保核能发电的安全性和可持续性。第二，推动电力工业向天然气等低碳燃料方向转型是能源多样化发展的重要途径。天然气作为一种相对清洁的燃料，燃烧后二氧化碳的排放量较少，同时，在燃烧过程中几乎不产生颗粒物和硫氧化物等污染物。将传统的高碳燃料替换为天然气，有助于减少电力工业的碳排放和空气污染。第三，除了发展可再生能源和清洁能源，电力工业可以利用储能技术和智能电网技术，实现能源的灵活调配和优化供需匹配，进一步提高能源利用效率和电力系统的稳定性。

通过能源多样化发展，电力工业可以降低对传统高碳能源的依赖度，减少碳排放和污染物排放，提高能源供应的可靠性和稳定性，为实现电力工业的绿色发展和可持续发展贡献力量。同时，能源多样化有助于提高能源安全性，减少对特定能源资源的过度依赖，从而降低能源市场的风险。

5. 改进废弃物管理

通常，电力工业产生大量的废弃物，包括燃烧产物、废水、灰渣等，这些废弃物对环境构成潜在威胁，必须采取有效的废弃物管理措施以实现绿色发展。

第一，开展废弃物资源化利用是改进废弃物管理的重要手段。废弃物资源化利用是将废弃物转化为能源或有价值的产品的过程，如利用废水中的有机物发酵产生甲烷气体，或者通过固废处理技术将灰渣转化为建筑材料等。资源化利用废弃物不仅降低了对自然资源的依赖程度，还能减少环境污染，提高资源利用效率。第二，加强废弃物的分类、处理与回收是改进废弃物管理的关键举措。通过建立健全的废弃物分类体系，可以对不同类型的废弃物进行有效区分和处理。例如，对含有有害物质的废弃物进行特殊处理，以确保其不会对环境和人体健康造成危害。同时，推广低风险废弃物处理技术，如焚烧、填埋、堆肥等，这是有效管理废弃物的重要手段。第三，制定严格的废弃物管理政策和法规是推进废弃物管理的重要保障。政府应当出台相关法律法规，明确电力工业废弃物的排放标准和处理要求，并对违规行为进行严厉处罚，以确保废弃物管理规范得到有效执行。

加强废弃物管理不仅有助于实现电力工业的绿色发展，减少环境污染，还能提高资源利用效率和能源利用效率。通过开展废弃物资源化利用，加强废弃物的分类、处理与回收，并制定严格的管理政策，电力工业能够有效地改进废弃物管理，为绿色转型和可持续发展贡献积极力量。

第二节　电力系统的基本特征

今天，电力系统已经进入大电网、大电厂、大机组、超特高电压、远距离输电、交直流输电、高度自动控制和市场化营运的具有强烈现代特征的电力系统新时代。新技术、新材料和新工艺的不断发展和应用，可持续发展战略的不断深化都将继续提高电网的输变电能力，提高发输配电效率，提高供电可靠性和电能质量，降低电力生产过程对自然环境的污染和对生物链的影响。百年电力将以崭新的姿态为世界文明续写辉煌的篇章。

一、现代电力系统的基本组成

无论从规模还是结构上看，电力系统都是人类所建立的最复杂的工业系统之一，是一个实现能量转换、传输、分配的复杂、大型、强非线性、高维数、分层分布的动态大系统。

现代电力系统虽然也由发电、输电、配电、用电等电气设备以及各种控制设备组成，但与传统电力系统相比，各部分或者环节都已经有了很大的改变。

发电系统：由原动机、同步发电机和励磁系统组成。原动机将一次能源（化石燃料、核能和水能等）转化为机械能，再由同步发电机将它转化为电能。发电机为三相交流同步发电机。现代发电技术包括超临界和超超临界的发电技术，高效脱硫装置、循环流化床（CFBC）和整体煤气化联合循环（IGCC）等清洁煤燃烧技术，大型水电技术装备和低水头贯流机组、抽水蓄能机组制造技术，核电技术等。

输电系统（又称电网）：由输电设备和变电设备组成。输电设备主要有输电线、杆塔、绝缘子串等。变电设备主要有变压器、电抗器、电容器、断路器、开关、避雷器、互感器、母线等一次设备以及保证输变电安全可靠运行的继电保护、自动装置、控制设备等。通常，电网又按照电压等级和承担功能的不同分为 3 个子系统，即输电网络、次输电网络和配电网络。

（一）输电网络

输电网络连接系统中主要的发电厂和主要的负荷中心。输电网络通常是将发电厂或发电基地（包括若干电厂）发出的电力输送到消费电能的地区，又称负荷中心，或者实现电网互联，将一个电网的电力输送到另一个电网。输电网络形成整个系统的骨干网络并运行于系统的最高电压水平。发电机的电压通常在 10~35kV 的范围内，经过升压达到输电电压水平后，由特高压、超高压或高压交流或直流输电线路将电能传输到输电变电站，在此经过降压达到次输电水平（一般为 110kV）。

发电和输电网络经常被称作主电力系统。现代电网中，输电网的特征主要是特高压、超高压、交直流输变电、大区域互联电网、大容量输变电设备、超特高压继电保护、自动装置，大电网安全稳定控制，现代电网调度自动化、光纤化、信息化等。

（二）次输电网络

次输电网络将电力从输电变电站输往配电变电站。通常，大的工业用户直接由次输电系统供电。在某些系统中，次输电和输电回路之间没有清晰的界线。比如，一些超大的工业用户也有直接通过 220kV 系统供电，然后再由内部进行电力分配。当系统扩展，或更高一级电压水平的输电变得必要时，原有输电线路承担的任务等级常被降低，起次输电的功能。现代电网中，次输电网的特征主要是高压，局部区域内电网互联，大电网安全稳定控制辅助执行控制，无油化，城市电缆化，变电站自动化及无人值班，地区电网调度自动化、光纤化、信息化等。

（三）配电网络

配电网络是将电力送往用户的最后一级电网，也是最复杂的一级电网。一次配电电压通常在4.0~35kV。较小的工业用户通过这一电压等级的主馈线供电。二次配电馈线以220/380V电压向民用和商业用户供电，一些国家为100~110V。现代电网中，配电网的特征主要是中低压，网络复杂化，城市电缆化，绝缘化，无油化，小型化，配电自动化，光纤化，信息化等。

二、现代电力系统运行的特点和要求

电力系统的功能是将能量从一种自然存在（一次能源）的形式转换为电能（二次能源）的形式，并将它输送到各个用户。能量很少以电的形式消费，而是将其转化为其他形式，如热、光和机械能。电能的优点是输送和控制相对容易，效率和可靠性高。

电能的生产、输送、分配和使用与其他工业产品相比有着明显不同的特点，其主要区别如下：

（一）同时性

电能不易储存，发电、输电、变电、配电、用电是同时完成的，必须用多少，发多少。

（二）整体性

发电厂、变电站、高压输电线、配电线路和设备、用电设备在电网中形成一个不可分割的整体，缺一不可，否则电力生产不能完成。各个孤立的设备离开了电力生产链，就失去了存在的意义。

（三）快速性

电能是以电磁波的形式传播的，其速度为30万km/s，当电网运行发生变化时其过渡过程十分迅速，故障中的控制更是以ms、am来计算时间的。电力生产的暂态过程十分短暂。

（四）连续性

不同用户对电力的需求是不同的，用电的时间也不一致，也就要求电力生产必须具有不间断性持续生产的能力，需要对电网进行连续控制和调节，以保证供电质量和可靠供电。

（五）实时性

由于电能输送的快速性，因此电网事故的发展也是非常迅速的，而且涉及面很广，对社会、经济的影响巨大，因此必须对电力生产状态进行实时监控。

（六）随机性

负荷的变化是随机的、难以控制和调节的，电网设备故障和系统故障存在一定的随机性，完全做到可控是非常困难的。

电力工业时刻与国民经济各部门和人们的生活相关联，也是现代社会的基本特征。一个设计完善和运行良好的电力系统应满足以下基本要求：

①系统必须能够适应不断变化的负荷有功和无功功率需求。因而，必须保持适当的有功和无功旋转备用，并始终给予其适当的控制。

②系统供电质量必须满足规定，即电压、频率在规定范围内，且具有（维持）一定的系统安全水平和供电可靠性。

③由于快速性要求，电力系统的正常操作，如发电机、变压器、线路、用电设备的投入或退出，都应在瞬间完成，有些操作和故障的处理必须满足系统实时控制的要求。

④最低成本供电。要求采用高效节能的发电、输电、配电设备；优化电源配置和电力网络设计；大力开展电力系统中的经济运行；充分利用水电资源，合理调配水、火电厂的出力，尽可能减小对生态环境的破坏和有害影响等。电能生产与消费的规模都很大，降低一次能源消耗和输送分配时的损耗对节约资源具有重要意义。

⑤电力系统运行和控制必须满足在发电、输电和供电分别独立经营的条件下，保持电网的安全稳定运行水平。电力系统运营的市场化使电力系统的运行方式更加复杂多变，电力传输网络必须具有更强的自身调控能力。

⑥电网互联。互联大电网的稳定问题并不是小系统稳定问题的简单叠加，特别是经弱联络线连接的互联电网，很容易在故障中失去稳定。电网的互联形成了区域振荡模式，其动态行为非常复杂，甚至可能产生混沌。系统规模的扩大、快速控制装置的引入可能会使系统的阻尼减小，发生持续的功率振荡。因此，互联大电网对安全稳定分析与控制的要求更高。

三、现代电力系统的控制

现代电力系统的控制主要包括发电控制、输电控制、调度控制和信息系统。

（一）发电控制

发电控制由励磁调节系统和原动机及其调速系统组成，根据发电协议和机组优化方案控制发电机组输出的有功功率。其中，励磁调节系统控制发电机机端电压和无功功率输出；原动机及其调速系统控制传动同步发电机的机械能（同步发电机输入机械能）的大小，从而控制发电机组输出的有功功率。系统发电控制的首要任务是维持整个系统的发电与系统负荷和损耗的平衡，从而保证发电协议的执行，且维持系统频率及联络线潮流（与相邻系统的交换功率）在允许范围内。同时，发电控制对调控整个系统的运行状态起着至关重要的作用。

（二）输电控制

输电控制包括功率和电压控制设备，如静止无功补偿器、同步调相机、串/并联电容器和电抗器、有载调压变压器、移相变压器以及柔性交流输电（FACTS）和高压直流输电控制等。柔性交流输电技术利用大功率电力电子元器件构成的装置来控制或调节交流电力系统，从而达到控制系统的目的。其优点突出表现在：在不改变现有电网结构的情况下，可以极大地提高电网的输电能力；提高系统的可靠性、快速性和灵活性；扩大系统对电压和潮流的控制能力；有很强的限制短路电流、阻尼振荡的能力，能有效地提高系统暂态稳定性；对系统的参数既可断续调节又可连续调节。

（三）调度控制和信息系统

电网调度自动化系统是确保电网安全、优质、经济地发供电，提高电网调度运行管理水平的重要手段，是电力生产自动化和管理现代化的重要基础。随着电力工业技术的发展，规模扩大和网络互联、FACTS 的大量应用，各种发电体制的加入以及营运体制的改革，电网的运行和控制越来越依赖于完善、先进和实用的调度自动化系统以及先进的信息网络与完善的通信手段。现代电网调度自动化系统的内涵也在不断丰富、发展，不仅包括能量管理系统（EMS）、配网管理系统（DMS）、水调自动化系统等，还包括电力市场技术支持系统、电力信息 MIS、变电站自动化、数字化变电站、互联网等现代化手段和技术的支撑。

综上所述，现代电力系统的特征主要体现在以下几个方面：

①大容量、高参数发电、输电、变电设备。

②发电、输电、变电设备制造工艺和材料的现代化与高科技化。

③超、特高电压。

④新能源发电的多元化。

⑤超远距离输电。

⑥高压直流输电和柔性交流输电。

⑦跨区域、跨国超大规模互联电网，高低压网络极为复杂。

⑧电力市场化运营，发电主体多元化及其管理现代化。

⑨电网调度自动化，协调的发电、输电、变电、配电系统控制现代化。

⑩以光纤通信为代表的现代化的通信系统。

⑪电力信息化、数字化、光纤化。

四、现代电力系统稳定性与继电保护

（一）电力系统的稳定性

电力系统正常稳定运行时，所有的发电机都是保持同步运行的。同步运行是电力系统正常稳定运行的重要标志。但是电力系统在运行中不可避免地会受到不同程度的扰动，如负荷的微小变化、短路故障的巨大冲击等，这些扰动都有可能影响系统的稳定运行。所谓电力系统运行稳定性是指电力系统在受到不同程度的扰动后，凭借系统本身固有的能力和控制设备的作用，恢复到原始的稳定运行状态或达到新的稳定运行状态的能力。现代电力系统的规模日趋扩大，逐渐形成了跨区域，甚至跨国的大规模电力系统。这种大规模的联合电力系统具有显著的优越性，但是随之而来的系统稳定问题也显得更加突出和严重。系统一旦失去稳定性，造成频率崩溃或电压崩溃，使系统解列，就会造成大面积停电事故，给人们的生活带来极大的不便，给国民经济带来巨大的损失。所以，研究电力系统稳定性的内在规律，正确运用提高电力系统稳定性的措施，对现代电力系统的安全可靠、经济运行有着十分重大的意义。

截至目前，国际上还没有统一的有关电力系统稳定的分类标准。根据电力系统受扰动程度的大小，一般可将电力系统的稳定分为静态稳定和暂态稳定两大类。

我国现行的《电力系统安全稳定导则》对电力系统稳定作了如下规定：

①电力系统静态稳定是指电力系统受到小扰动后，不发生自发振荡和非周期性失步，自动恢复到原来稳定运行状态的能力。

②电力系统暂态稳定是指电力系统受到大扰动后，各同步发电机保持同步运行并过渡到新的或恢复到原来稳定运行方式的能力。

电力系统每时每刻都要受到小扰动，例如：负荷的微小变化；风吹架空线路引起线间距离的变化，从而引起线路电抗的微小变化；发电机受到微小的机械振动等。因此，电力系统运行的静态稳定性实质是讨论系统在某个运行状态能否保持的问题。大扰动一般指各种类型短路故障、投切大容量发电机或大型输变电设备及大容量负荷的突然变化等。大小扰动只是相对而言的，一般没有明显的界限。

（二）电力系统的静态稳定性和暂态稳定性

1. 电力系统的静态稳定性

研究电力系统稳定性问题最有效的数学方法，就是利用同步发电机的功角特性方程。同步发电机输出的电磁功率有它本身的变化规律，它与发电机所连接的电力网参数，特别是与并列运行的发电机间的功率角有关。这种关系被称为同步发电机的功角特性。

2. 同步发电机并联运行的静态稳定性

电力系统运行的静态稳定性包括同步发电机并列运行的静态稳定性和负荷的静态稳定性两个方面。

3. 电力系统运行的暂态稳定性

当系统遭受大的扰动后，其各种运行参数（电流电压和功角等）会发生急剧变化，但发电机组原动机的调速装置具有一定的惯性，它必须经过一定时间才能改变原动机的机械频率，发电机转子会出现较大的过剩转矩或缺额转矩，发电机转子之间有相对运动，转速和功角将发生较大变化。所以，大扰动引起的电力系统运行的暂态过程是一个电磁暂态过程和发电机转子机械运动暂态过程交织在一起的复杂过程。由此可见，电力系统运行的暂态稳定性分析和静态稳定性分析是有很大区别的。

精确计算发电机机电暂态过程中的参数是非常复杂的，为了解决工程中的实际问题需要采用一些简化分析，在实用计算中往往要忽略一些次要因素或对一些问题做近似考虑，使计算简化，但同时又必须保证计算结果在工程允许范围之内。

（三）继电保护

1. 继电保护的基本知识

（1）继电保护的基本任务

电力系统各种电气设备包含发电机、变压器、输配电线路及用电设备，由于受自然条件、设备以及人为因素的影响，其在运行过程中可能会出现不正常运行状态和故障状态。不正常运行状态是指电气设备超出其额定工况参数运行，并允许其可以继续运行一段时间的一种工作状态，如过负荷、过电压、系统振荡等。故障状态主要是指各种类型的短路，如三相短路、两相短路、单相接地短路和两相接地短路，其中最常见的故障是单相接地短路。由于电力系统的各电气元件之间存在电或磁的联系，任一元件故障都会在极短的时间内危及系统及非故障设备的安全运行，即系统并列运行的稳定性、电压及频率的稳定性都将受到影响。因此，切除故障时间常要求到十分之几甚至百分之几秒。为了满足这一要求，系统的各个元件都必须装设具有保护作用的自动装置，即继电保护装置。

继电保护的基本任务有两个：

①当系统出现故障时，能自动、有选择、快速地将故障元件从系统切除，以保证无故障部分继续运行，使故障部分受损坏程度最小。

②反映电气元件的不正常工作状态，一般经延时发出信号。在无人值班的条件下，保护也可作用于延时跳闸。

为了确保系统的安全运行，除了继电保护装置外，还装有自动重合闸、备用电源自动投入、自动切负荷、远方切机等一些安全自动装置。它们着重于事故后和系统不正常运行情况的紧急处理，以保证对重要负荷的连续供电及恢复电力系统的正常运行。

（2）继电保护的基本原理及装置构成

①继电保护的基本原理。当电力系统发生故障时，常伴有电流的增大、电压的下降、电压与电流之间相位角的改变、保护安装处电压与电流之比所表征的阻抗值下降等现象，这些现象都是故障的特征。

利用故障时电气量的变化特征作故障判断依据，并把此判断依据转化为操作信息，即可实现保护功能。利用不同的特征量作为故障判断依据，可以构成不同原理的继电保护。

例如，利用故障时电流增大的特点，可构成过电流保护；利用短路时电压降低的特征，可构成低电压保护；利用电压与电流的比值（阻抗量）的变化，可构成距离保护（低阻抗保护）等。

②继电保护装置的构成。继电保护装置一般由测量部分、逻辑部分和执行部分组成。

A. 测量部分：用来检测被保护元件的状态，即把从被保护元件电流互感器或电压互感器二次侧送来的电气量与整定值进行比较，确定是否发生故障或不正常工作状态，以便判断保护装置是否启动。测量元件一般分为四类：第一类为电磁式测量元件，一般由电流、电压、功率、阻抗或差动继电器等组成；第二类为晶体管测量元件，一般由半导体电路组成，用于晶体管继电保护；第三类为集成电路模块，用于由集成电路组成的集成电路保护；第四类为微机保护，一般由程序软件组成。

B. 逻辑部分：根据测量部分送来的信号，进行逻辑判断以决定保护是否动作，若应动作，就向执行部分送出相应信号。逻辑元件一般由时间继电器、各种数字门电路和比较电路组成。

C. 执行部分：执行逻辑部分判断的结果，向断路器发出跳闸脉冲或指示不正常运行情况的警告信号。执行元件一般由中间继电器、信号继电器及相关回路组成。

数字型微机继电保护装置由硬件部分和软件部分组成。

模拟量输入部分把由被保护元件电压及电流互感器二次侧送来的多路电压及电流，经由电量变换器，变成满足模数变换器要求的低电压±5V或±10V，再由模数低通滤波器（ALF）滤去高频分量，然后进入采样保持电路（S/H），将在时间上连续的模拟信号转换为时间上的离散量，即完成对模拟量的采样。通过多路转换开关（MPX）将多个输入电气量按输入时间依次送至模数转换器（A/D），将模拟量转换为微机可以接受的数字量，由微机系统进行运算处理，以判别是否发生故障。开关量输入、输出系统用以完成各种保护的出口跳闸、信号报警及外部触点输入等功能。人机对话接口用来建立微机保护和管理者的信息联系，以便对装置进行人工操作、调试和得到反馈信息等。

软件部分是指用于完成各种保护算法和逻辑判断功能以及保护装置的整定与运行监视的程序。不同原理的保护具有不同的计算程序和逻辑功能。

微机保护可以使模拟型保护中存在的技术问题找到新的解决办法，使保护的性能得到更大的改进，并能实现快速动作。微机保护具有自诊能力，能及时发现装置故障并处理，大大提高了可靠性。因而，微机保护在电力系统中被广泛使用。

（3）对继电保护装置的基本要求

根据继电保护装置的基本任务，对动作于跳闸的继电保护装置，在技术上应满足以下四项基本要求。

①选择性。选择性是指继电保护装置动作时，仅把故障元件从系统切除，使停电范围尽量减小，以保证无故障部分继续运行。

②速动性。速动性是指继电保护装置应能尽快地切除故障，以提高系统并列运行的稳定性，减轻故障设备的损坏程度，减少用户在低电压下的工作时间，提高自动重合闸的成功率。

切除故障时间等于保护动作时间和断路器全开断时间之和。目前保护动作最快的约为0.02s，加上断路器动作时间，可在0.1s内切除故障，使用时可根据不同电压等级的电网和设备对切除故障时间的具体要求和经济性等条件，确定合理的保护动作时间。

③灵敏性。灵敏性是指保护装置对其保护区内故障的反应能力。满足灵敏性要求的保护在规定的保护区内短路时，不论短路点位置、短路类型及系统运行方式（最大运行方式或最小运行方式）如何，都能灵敏反映。所谓最大运行方式和最小运行方式，是指在同一地点发生同一类型短路时，流过某一保护装置的电流达到最大值和最小值的运行方式，它与系统实际运行的接线方式、电源容量等有关。灵敏性通常用灵敏系数衡量，它是在保护的动作值确定之后，按常见不利运行方式和不利故障类型，指定点进行故障计算，要求计算值应满足继电保护技术规程规定的要求。

一般来说，灵敏系数越大，说明保护的灵敏度越高。各类保护的灵敏系数应满足有关规程规定的标准。

④可靠性。可靠性是指保护装置在规定的保护范围内发生了属于它应该动作的故障时，它能可靠动作（即不拒动）；而在正常运行或保护范围外故障时，保护应可靠不动作（即误保护拒动或误动都会引起事故范围的扩大，对电力系统造成严重危害。因此，在保护的配置、选型、整定计算、安装调试、运行维护等环节都应注意提高保护动作的可靠性）。

以上四项基本要求既相互关联，又相互制约。在实践中，常根据机组容量、网络电压等级及结构、系统状况等，使四项基本要求得到合理满足。

2. 常用保护继电器

电力系统的继电保护装置由各种保护继电器构成。保护继电器的种类很多，按继电器的结构原理可划分为电磁式继电器、感应式继电器、数字式继电器、微机式继电器等；按继电器反映的物理量可划分为电流继电器、电压继电器、功率方向继电器、气体继电器等；按继电器反映的物理量变化可划分为过量继电器和欠量继电器，如过电流继电器、欠电压继电器；按继电器在保护装置中的功能可划分为启动继电器、时间继电器、信号继电器和中间继电器等。

电力系统中常用的继电器主要是电磁式继电器和感应式继电器，在现代化的大用户中也开始使用微机式继电器或微机保护。

（1）电磁式继电器

电磁式继电器是通过对电磁铁的线圈通电产生电磁力吸合可动衔铁而工作的。电磁式继电器的结构一般分为螺管线圈式、吸引衔铁式、转动舌片式三类。当继电器绕组中通过电流时，产生磁通，磁通经过铁芯、气隙和衔铁形成闭合磁路，衔铁（或舌片）被磁化产生电磁力和电磁转矩。

①电磁式电流继电器和电压继电器。电磁式电流继电器和电压继电器在继电保护装置

中均为启动元件。电流继电器的文字符号为 KA，电压继电器的文字符号为 KV。

②电磁式时间继电器。电磁式时间继电器在继电保护装置中用来使保护装置获得所要求的延时（时限）。时间继电器的文字符号为 KT。

时间继电器由一个电磁启动机构带动一钟表机构构成。当继电器线圈接上工作电压时，铁芯被吸入，使被卡住的一套钟表机构被释放，同时切换瞬时触点，钟表带动可动触点逆时针匀速转动，经整定时间，动静触头接触，继电器动作。

继电器的延时时限可借助改变主静触点的位置（即它与主动触点的相对位置）来调节。调节的时限范围在标度盘上标出。

当继电器的线圈断电时，继电器在弹簧的作用下返回起始位置。

为了缩小继电器的尺寸和节约材料，时间继电器的线圈通常不按长时间接上额定电压来设计，因此凡需长时间接上电压工作的时间继电器（如 DS-111C 型等），应在其动作后，利用其常闭瞬时触点的断开，使其线圈串入限流电阻，以限制线圈的电流，避免线圈因过热被烧毁，同时又能维持继电器的动作状态。

③电磁式信号继电器。电磁式信号继电器在继电保护装置中用来发出保护装置动作的指示信号，以提醒运行人员的注意。信号继电器的文字符号是 KS。

供电系统中常用的 DX-11 型电磁式信号继电器有电流型和电压型两种。电流型信号继电器的线圈为电流线圈，阻抗小，串联在二次回路内，不影响其他二次元件（如中间继电器）的动作；电压型信号继电器的线圈为电压线圈，阻抗大，在二次回路中必须并联使用。

④电磁式中间继电器。电磁式中间继电器在继电保护装置中用作中间继电器，以弥补主继电器触点数量和触点容量的不足，此外还可以产生不大的延时（0.4~0.8s）。它一般装设在保护装置的出口回路中，用以接通断路器的跳闸线圈，所以也称为出口继电器。中间继电器的文字符号是 KM。

供电系统常见的 DZ-10 系列，当线圈通电时，衔铁被快速吸向电磁体，从而使触点切换。当线圈断电时，继电器快速释放衔铁，触点全部返回起始位置。

（2）静态继电器

静态继电器是指用模拟电子电路及部分数字电路构成的电子型继电器，分为晶体管型继电器和集成电路型继电器两类。静态继电器的“静态”是相对于电磁型继电器的“触点”动作而言的，它的信息传递是通过“0，1”开关信息传递的。静态继电器是以硅材料为主构成的继电器，因此又叫固体继电器。

第三节　电力系统分析理论与方法

一、电力系统分析理论与方法的发展过程

按照上述两个方面的发展，可将100多年来电力系统分析理论和方法研究的发展历程粗略地划分为三个阶段。

第一阶段：电力工业初期即19世纪80年代至20世纪40年代。

第二阶段：20世纪40年代至20世纪80年代后期。

第三阶段：20世纪80年代后期至今。

第一阶段体现了小系统、手工计算的特点。该时期基本为手工计算。为了减轻计算强度，人们研制了一些辅助计算工具，如交、直流计算台、计算曲线等。该时期是人们对电力系统本身客观规律认识的重要时期，奠定了电力系统基本组件的物理模型和数学模型，其中包括发电机、变压器、线路、异步电动机。20世纪30年代以帕克为代表的众多学者建立了发电机实用模型，它是在由勃朗德最早提出、由道赫蒂和尼克尔进一步发展的双反应理论的基础上形成的发电机实用模型（这就是至今仍在使用的帕克方程），该模型的建立可以说具有划时代的意义，是电力系统分析发展史上的里程碑，有人称帕克是20世纪贡献最大的、最伟大的电力科学研究者之一。在随后的近半个世纪，人们对电力系统本身客观规律的认识没有发生太大的变化。

第二阶段展现了电力系统规模发展和分析方法计算机化的进程。该时期，电力系统的基本组成没有发生太大变化，而主要是电力系统规模、发电输电容量和输电距离不断增大，电压等级不断升高。

随着计算机技术的蓬勃发展和广泛应用，第二阶段电力系统分析方法和计算工具大为改观。虽然这时对电力系统本身客观规律的认识与第一阶段没有本质的差异，但是电力系统分析的研究方法却让人耳目一新。正是由于计算机技术和通信技术两大支柱的发展，才使计算大规模电力系统（几千个节点，上万条支路）和在线分析电力系统实时运行状态等工作的工程化成为可能。电力系统规模的扩大，要求计算上千阶方程，从而也促进了应用数学的发展。矩阵、图论、数值计算等与计算机相关的数学分支在电力系统学科领域得到了充分的发展。在此期间，逐渐形成了电力系统分析的潮流计算、短路计算和稳定分析计算三大计算软件。研究重点主要在大系统（特别是大电网）的数学表达形式、建立适用于计算机处理的数学模型和算法（计算方法）。其中，在近20年的时间里，由于计算机存储

空间的限制和计算速度较低，人们都致力于研究如何节约存储空间、减小计算量的计算方法。比如快速解耦潮流计算法、三角分解迭代、稀疏矩阵存储技术、网络静态动态等值等，以及后期的分布式、并行式算法等，研究成果主要是离线计算，在线应用受到较多限制，进展缓慢。

第三阶段进入现代电力系统时代。系统规模、组成和运行（运营）方式在该时期都发生了相当大的变化。现代控制理论和大功率电力电子组件的迅速发展，在为电力系统控制提供高效控制方式和手段的同时，也增加了系统自身的复杂性，且对电力系统分析的理论和方法提出了挑战。首先，至关重要的是这些新型组件的建模问题。有人认为，如果 21 世纪有学者能为众多电力电子组件（包括 FACTS 和高压直流输电）与新型能源转换设备建立物理模型和数学模型，那他将是一位与帕克一样伟大的电力科学研究者。其次，现代社会电力工业重组和电力市场化的进程也给电力系统分析提出了一系列新课题。可喜的是，当今计算机信息、通信等技术的飞速发展为电力系统分析注入了新的活力，可以提供更先进的分析手段。

二、现代电力系统分析面临的问题

近 20 年来，“现代电力系统”时代的巨大变化对电力系统分析理论与技术产生了深刻的影响。如上所述，现代电力系统的重要标志是大容量、超大规模、超高压、交直流混合以及信息化、柔性化和市场化。因此，无论是电力系统规划还是运行控制，都对电力系统分析提出了一系列新的问题和要求，主要体现在以下几方面：

首先，计算机技术获得了广泛的应用和长足的进步。计算机硬件运算水平的发展遵循著名的“莫尔定理”，CPU 的运算水平每隔 12 个月提高一倍，软件的性能也是日新月异。这直接改变了电力系统的分析手段和规划水平。目前，计算机已能处理数万个节点的潮流分析问题，使最优潮流、静态安全分析、动态安全分析和暂态稳定分析的在线应用成为可能。这正是计算机技术飞速发展适应了现代大规模电力系统在线实时控制快速分析需求的结果。现代信息技术的迅速发展和广泛应用为电力系统在线分析提供了强有力的技术支撑，使之对电力系统各种信号和运行状态进行准确而全面的在线监测、分析及控制成为可能。

电力工业是技术密集和资金密集的产业，又是国民经济的先行和基础产业，其安全性、可靠性、经济性对整个国民经济有着巨大而深远的影响。电力系统是一个典型的大系统，如何反映现代电力系统的特点，有效地、准确地分析其运行特性，从而改善其运行指标，一直是国内外电力领域研究的重点。因此，现代电力系统分析理论和方法的研究重点也必须与之相适应，研究如何利用现代计算机信息技术、现代通信技术更准确、更快速、更深入地研究现代大规模电力系统，比如进一步研究能更准确描述系统各组件在不同运行状态下的静态和动态特性以及系统整体特性的模型、大规模互联系统的数学表达形式等。

现代电力系统是一个高阶多变量的复杂动力学系统，包含众多响应特性各异的组件，而这些响应特性各异的组件又通过输配电网络联系在一起。因此，系统的整体动态特性不仅与这些组件本身的动态响应特性相关，还与电网互联带来的特殊问题有关。

其次，电力电子技术在电力系统中的大量应用为电力系统提供了更快速、更准确、更柔性化的控制手段，使以前难以实现的控制手段和调节方法成为可能。高压直流输电和柔性交流输电的基本特点是快速控制，因而直流输电（HVDC）和柔性交流输电技术（FACTS）的应用大大加强了电力系统的稳态和动态调控能力。不过，它们在有效提高系统传输极限、控制系统运行状态、改善系统特性的同时，也给电力系统分析领域带来了新的挑战。除了前面提到的要为这些装置建立相应的数学模型外，还要开发包含这些组件的电力系统稳态和动态分析的新算法，而且，由于寻求合适的控制策略对改善电力系统的动态特性极为重要，因此研究 HVDC 和 FACTS 在各种运行工况下的分析方法、控制技术及含有 HVDC 和 FACTS 的电力系统潮流计算方法与控制策略也成为电力系统分析研究的重点。

最后，20 世纪 80 年代开始的电力工业重组和电力市场化的进程，使原先垂直一体化的电力系统被分割为互不隶属的几个平行互联网络；电力市场化的改革对降低电价、改善电力系统运行效率提出了迫切的要求。最优潮流的优化目标和准则发生了变化，出现了输电辅助服务、输电阻塞等问题。这些都要求进一步提供新的电力系统分析理论、模型和算法。

因此，随着电力系统的规模持续扩大，结构日益复杂，组件不断更新，电力系统运行对电力系统的分析、规划和控制方法不断地提出新的、更高的要求。计算工具和计算数学以及其他技术领域的不断进步，为研究电力系统提供了新的手段。建立描述电力系统的数学模型是研究电力系统专门问题的基础。数学模型的正确性和准确性是保证计算结果正确性和准确性的基本前提。在建立数学模型的过程中，一开始就应对所研究的对象有一个尽可能全面深刻的认识，并用尽可能精确的数学语言加以描述。它可以使我们把研究与分析问题的立足点建立在尽可能可靠的基础上。在这个基础上进一步分析，以便在诸多因素与条件中分清主次，对模型做一些必要的近似处理，忽略一些次要因素，从而建立能满足工程需要的实用数学模型。对研究与设计对象的认识愈深刻愈全面，近似处理也就会愈符合客观实际。

电力系统的过渡过程十分迅速，因而它对自动控制在客观上有很强的依赖性。计算机和电子技术在控制领域的广泛应用使现代电力系统具有了很高的自动化程度，其中包括种类繁多的自动装置或系统。如此庞大、复杂的系统，表现在描述它的数学方程方面是方程的极度非线性和高维数。分析任何复杂系统的一般方法是由简单到复杂，由局部到整体，电力系统的分析计算也是如此。庞大而复杂的电力系统首先被分解为一个个独立的基本组件，如发电机、变压器、输电线、调速器和励磁调节器等；其次，运用电工理论和其他相关理论分别建立单个组件的数学模型。组件的数学模型是构造全系统数学模型的基石。有了各种组件的数学模型，进一步根据电力系统的专门知识和这些组件在具体系统中的具体联系，从而建立全系统的数学模型。对于同一个客观系统，研究不同的问题，数学模型可能是不同的。从数学上讲，电力系统是一个非线性动力学系统。在研究这个非线性动力学系统的稳态行为时，涉及的是代数方程；在研究动态行为时，涉及的是微分方程（一般是常微分方程，某些特殊问题可能涉及偏微分方程）。在研究某些特殊问题时，模型参数可能还是时变的、变量为不连续的。另外，对计算结果的精度要求不同，数学模型也可能不同。

显然，定性分析的模型相对于定量分析的模型可以简单一些，在实际应用中也大量需要这种定性实用的结果。计算精度与计算速度是建立数学模型时应同时考虑的两个相互矛盾的问题。显然，人们一直在努力建立一个在当代计算工具条件下既满足工程分析精度要求又满足工程分析速度要求的数学模型和求解方法，从而使电力系统分析理论和方法在不断探索研究的过程中不断得到发展。

三、电力系统应急管理研究

（一）电力系统应急管理概述

电力系统应急管理是为了应对电力系统重大突发灾难事件，主要研究重大突发灾难的预防、准备、响应和恢复，以提高电力系统应急管理能力。为了尽可能地降低电力系统发生灾变或者突发事件对社会造成的影响和损失，必须加强电力系统的应急管理。通过不断总结过去应对大面积停电事件的经验，电力系统的应急管理体系正逐渐被完善。

1. 电力系统应急管理的基本概念

（1）电力突发事件

电力突发事件是指发生在人们预料之外的，导致或者可能会导致元件损坏、电力系统稳定破坏或崩溃及人员伤亡等较坏影响而必须采取应急措施以降低损失和减小影响的紧急事件。

（2）电力系统应急管理

应急管理是通过分析突发事件的起因、发生的过程及可能的后果，并且充分利用各方面的信息和资源，最大限度地对突发事件进行预警、控制和处理的过程。其目标是尽可能地减小突发事件产生的影响，维护社会稳定，保障人民的生命财产安全。电力系统应急管理可定义为电力行业为应对电力突发事件而采取的涵盖突发事件应对的预防、准备、响应和恢复全过程的有计划、有组织、系统性的行为。

2. 电力系统应急管理的发展阶段

电力系统应急管理经历了以下三个发展阶段。

（1）经验型的预案处理阶段

该阶段是应急管理概念和体系的初始形成阶段，该阶段的应急体系主要包括两个方面：应急组织体系和应急预案体系，而且组织体系和预案体系也不尽完善。该阶段强调发挥应急领导的作用，重点研究应急指挥和工作机构、应急技术支持系统的建设，为应急管理工作的研究奠定基础。

（2）分析型的预防性管理阶段

进入该阶段，人们对应急管理的认识逐步深入和全面，意识到对突发事件的预防和应急保障在应急管理中的重要作用，开始关注对突发事件的实时监控，在此基础上分析突发事件可能的发展态势，从而采取适当措施进行预防，提高应急指挥能力。

（3）智能型的灾变防御阶段

随着各种智能技术的发展和完善，人们也逐渐认识到其在灾变防御中的应用前景。进入该阶段，人们已经由被动防御为主变为主动防御为主，应用人工智能等技术对突发事件进行更好的监控，一方面为控制突发事件的发展赢得了时间，另一方面提高了预测预警的准确性。

3. 电力系统应急管理存在的问题

通过对电力系统应急管理的分析与总结可知，其存在的问题主要有以下六个方面。

（1）由于应急管理培训的不足，一些应急管理人员对应急管理的概念和根本任务的认识不够深入，导致没有履行好应急管理的职责。因此，需要加强应急管理知识的宣传和培训，提高管理人员的责任意识。

（2）对突发事件的影响估计不足，导致应急管理工作容易陷入被动的局面，不能很好地预防并减少突发事件的影响。因此，应提高对突发事件影响后果的认识。

（3）部分人员没有充分认识到应急管理的目标——减少突发事件的影响，保障人民的生命财产安全，从而导致在实际工作中片面强调电力设施抢修的重要性。

（4）制定的电力系统应急体系不够全面，不能适应各种突发事件的变化；建立全面的应急体系对突发事件进行科学处置的应急理念尚未完全形成，导致应急管理工作在实际操作中容易出现漏洞。因此，应该加强电力系统应急体系的建设。

（5）编制应急预案体系时存在照搬照抄现象，没有根据地区实际情况来编制。同时，对应急预案体系执行不到位，对应急预案的关键要素、重要环节把握不到位。因此，要加强应急培训和演练。

（6）对应急管理工作的复杂性认识不足，应急管理的理论研究缺乏整体性，各应急主体（政府、电力企业、重要用户等）之间的协调不足，同时没有注重加强应急日常管理。因此，要加强应急管理机制的研究。

（二）电力系统应急体系研究

1. 电力系统应急体系的概念

应急体系，是详细说明突发事件应急处理工作的领导指挥体系与职责和突发事件的预防与预警机制、处置程序、应急保障措施以及事后恢复与重建措施等的系统。应急体系在应急管理中发挥着重要的作用，只有制定符合实际、全面客观的应急体系，才能确保应急管理的各项工作落到实处，从而达到降低突发事件影响的目的。中国的国家应急体系建设，其核心可以归纳为“一案三制”。对于具体的电力系统应急体系，其中的“一案”就是指电力系统所制定的分级分区的突发事件应急预案体系，“三制”是指电力应急体系之中的组织体制、运行机制和法制基础。

由于应急管理的目的是尽最大可能降低突发事件的影响、减少人民的生命财产损失，所以电力系统应急预警与传统的安全分析方式不同，它更关注于通过监测系统风险源的状态，预测突发事件发生后可能引起的系统故障模式、对整个系统破坏的程度，然后采取一定的措施尽可能地减少突发事件对社会和人民生命财产安全的影响以及尽可能地使电力系统快速恢复正常供电，这实际上反映了电力系统应急的本质。

电力系统应急处理过程中需要面临各种各样的问题，如应急管理问题、资源保障问题、应急决策问题等。因此，电力系统应急处理过程是一项复杂的系统工程。应急工作具有系统性、复杂性、分散性和连续性等特点，需要各方面的积极配合才能完成。从系统工程的角度考虑，电力系统应急体系具有以下特征：

（1）集合性

电力系统应急体系通常是针对大面积停电的，它是由各个要素（如政府、企业、社会）构成的集合，每一个要素都扮演着重要的角色，缺一不可。

（2）相关性

应急过程中，政府、企业、社会等各要素之间既有同等的相互协作关系，又有上下级的领导关系。

（3）层次性

应急体系从全局上看是一个整体，由于应急体系是一项系统工程，需要将其分解成若干子系统，通过这些子系统的协调配合来完成整个体系的功能。因此，应急体系具有一定的层次性。

（4）适应性

由于突发事件以及环境是不断变化的，因此，应急体系必须能很好地适应这种变化，只有这样才不会使应急工作陷入被动。

（5）整体性

应急过程中各要素在指挥上要实行高度集中统一，以整体目标为行动方向，在此基础上各自分工、协调配合。

（6）目的性

应急管理的目标就是尽可能地降低突发事件的影响和减少人民生命财产损失，应急体系的目的性决定了系统的基本功能。

由以上分析可以看出，必须从系统工程的角度来研究和完善应急体系。由于应急体系涉及的机构和部门众多，需要利用的资源广泛，电力系统应急处理必须充分发挥政府的主导作用，必须充分发挥相关部门和社会的协调配合作用，充分利用各方面优势资源，从而提高应急处理工作的效率，为应急处理赢得宝贵的时间。因此，必须结合电力系统的实际情况，不断完善电力系统应急体系。

2. 电力系统应急体系的构建

在总结了国内外现有的一些应急管理方面的经验基础上，本书结合电力系统的实际情况建立了一套应对突发事件的电力系统应急体系。该体系由法律法规体系、应急预案体系、应急组织体系、应急保障体系四部分组成。

（1）法律法规体系

法律法规体系包括紧急状态法、应急条例、政府令及一些标准等，它给电力系统应急管理提供了法律保障，任何应急处理工作的开展都必须符合法律法规的要求。它可以规范应急主体（指挥人员、救援人员等）的责任和义务，确保应急处置的各项工作有序、合法地进行。否则，在应急处置的过程中将引起混乱。可以说，法律法规体系给应急工作的开展提供了法律保障，它是应急体系的基础。

（2）应急预案体系

应急预案是预先制定的应对突发事件的行动方案。自汶川大地震、南方雨雪冰冻灾害等重大突发事件发生后，人们越来越意识到应急预案在应急处理中的重要性。

应急预案由一系列决策点和措施集组成，是政府和企业组织管理、指挥协调应急资源和应急行动的整体计划与程序规范，它贯穿整个应急管理过程，使得应急管理更为程序化、制度化。通过对过去已发生的突发事件的处理过程进行全面总结，使应急预案的制定更具科学性和易于实际操作。在日常的应急管理中，通过监督检查、演习、善后恢复处理等环节更新修订预案，使其更具实效性。

目前，我国电网大面积停电应急预案的编制还存在一些不完善的地方，如应急预案中部分内容制定不细、理论性强、缺乏必要的演练、可操作性不强等。因此，必须不断完善应急预案体系的建设，加强监督检查与演习，最大限度地发挥应急预案在应急管理中的作用。

（3）应急组织体系

应急组织体系规定了应急领导机构及相互协调配合的部门，应急领导机构是应急组织体系的核心。电力系统应急处理必须充分发挥政府的主导作用，必须充分发挥相关部门和社会的协调配合作用，充分利用各方面优势资源，从而提高应急处理工作的效率，为应急处理赢得宝贵的时间。电网调度中心是电网的指挥中心，在应急处理过程中担负着电网运行控制、供电恢复等重要职责。基于此，本书建立了以政府应急指挥中心和电网调度中心为双核心的应急指挥领导机构，它们分别行使电网外部资源和内部资源的协调调度任务，从而充分发挥二者的优势。

（4）应急保障体系

应急保障体系也是应急体系中重要的一个部分，包括通信保障、物资保障、队伍保障、资金保障四个部分，任何一个部分没有达到要求都会直接影响到应急处置工作的开展。其中，通信保障尤为重要。灾害或者突发事件的发生经常会破坏公共的通信设施，导致通信中断，这时候，必须迅速建立便于指挥和救援人员相互之间通信的通信网络，这对事故的监测、指挥人员及时地发布指令、救援工作的开展等都是必不可少的。近年来，由于通信保障工作的不完善，导致延误现场救援的突发事件的例子不少。

虽然突发事件的类型有很多，针对不同的突发事件所采取的应急措施一般不同，但电力系统应急处理的过程是一致的。应急体系是一种管理的机制，而应急处理是对这种机制的具体执行过程。因此，建立一套通用的和完整的应急处理流程有助于使应急工作的开展条理化、清晰化。

电力系统应急处理流程主要过程为：根据突发事件判断其级别并报警，在启动应急救援行动的同时要注重对风险源的监控，根据事态控制情况判断是否需要申请增援和扩大应急范围，事态控制结果满足要求时启动应急恢复，从而应急结束。最后，对整个突发事件和应急工作进行总结评估。

电力系统经常遭受各种自然灾害和人为破坏等因素的侵扰，导致各种突发事件随时都有可能发生。因此，必须加强电力系统的应急管理，建立科学、易实际操作的电力系统的应急体系，从而最大限度地降低突发事件引起的损失。

第二章　电力系统高压输电技术

第一节　高压直流输电系统构成

一、直流输电概述

（一）直流输电的基本原理

直流输电是将发电厂发出的交流电经过升压后，由换流设备（整流器）变换成直流，通过直流线路送到受电端，再经过换流设备（逆变器）变换成交流，供给受电端的交流系统。

直流输电系统原理：包括两个换流站 CS1 和 CS2 及直流输电线路。两个换流站的直流端分别接在直流线路的两端，而交流端则分别连接到两个交流电力系统Ⅰ和Ⅱ。换流站中主要装设有换流器，其作用是实现交流电与直流电的相互转换。

换流器是由一个或多个换流桥串联或并联组成，目前用于直流输电系统的换流桥均采用三相桥式换流电路，每个桥具有 6 个桥臂。由于桥臂具有可控的单向导通能力，所以又称为阀或阀臂。

从交流电力系统Ⅰ向系统Ⅱ输送电能时，换流站 CS1 把送端系统Ⅰ送来的三相交流电变换成直流电，通过直流输电线路把直流电流（功率）输送到换流站 CS2，再由 CS2 把直流变换成三相交流。通常把交流电变换成直流电称为整流，CS1 也称为整流站；把直流电变换成交流电称为逆变，CS2 又称为逆变站。

设整流站 CS1 的直流输出电压为 U_{d1}，逆变站 CS1 的直流输入电压为 U_{d2}，直流线路电流为：

$$I_d = \frac{U_{d1} - U_{d2}}{R}$$

或

$$U_{d1} - U_{d2} = I_d R$$

式中：　U_{d1} ——整流站 CS1 的直流侧电压；

U_{d2} ——整流站 CS2 的直流侧电压；

I_d ——直流电路电流；

R ——直流电路的电阻。

直流线路与交流线路不同，它只输送有功功率，不输送无功功率。换流站 CS1 送到直流线路的功率和换流站 CS2 从直流线路接受的功率分别为：

$$P_{d1} = U_{d1}I_d$$

和

$$P_{d2} = U_{d2}I_d$$

两者之差，即：

$$P_{d1} - P_{d2} = U_{d1}I_d - U_{d2}I_d = I_d(U_{d1} - U_{d2})$$

为直流线路的损耗。

（二）高压直流输电系统的分类

直流输电的系统结构可分为两端直流输电系统和多端直流输电系统两类。两端直流输电系统只有一个整流站和一个逆变站，它与交流系统只有两个连接端口，是结构最简单的直流输电系统。多端直流输电系统具有三个或三个以上的换流站，它与交流系统有三个或三个以上的连接端口。目前世界上运行的直流输电工程大多为两端直流系统，只有少数工程为多端系统。

1. 单极系统接线方式

单极系统接线方式是用一根架空导线或电缆线，以大地或海水作为返回线路组成的直流输电系统。这种方式由于正常运行时电流需流经大地或海水，因此要注意接地电极的材料、埋设方法和对地下埋设物的腐蚀以及对地下通信线路、航海罗盘的影响等问题，通常用正极接地的方式较多。

单极两线制方式（或称同极方式），是将返回线路用一根导线代替的单极线路方式。单极两线单点接地是将导线任一根在一侧换流站进行单点接地。这种方式避免了电流从大地中或海水中流过，又把某一导线的电位钳位到零。其缺点是当负荷电流流过导线时，要在导线上产生不小的电压降，所以仍要考虑适当的绝缘强度。这种方式大多用于无法采用大地或海水作为回路以及作为双极方式的过渡方案。

2. 双极系统接线方式

双极系统接线方式有两根不同极性（正、负极）的导线，可具有大地回路或中性线回路。当其中一根导线线路故障时，另一根以大地作为回路可带50%的负荷，可作为分期建设的直流工程初期的一种接线方式。

现将双极式直流输电系统接线方式分述如下：

（1）双极两线中性点两端接地方式

将整流站和逆变站的中性点均接地，双极对地电压分别为 + t/ 和 − t/ 。正常运行时，接地点之间没有电流流过。实际上，由于两侧变压器的阻抗和换流器控制角的不平衡，总有不平衡电流以大地作为回路流过。当一线路故障切除后，可以利用健全极和大地作为回路，维持单极运行方式。

（2）双极中性点单端接地方式

这种运行方式在整流侧或逆变侧中性点单端接地，正常运行时和上述方式相同。但当一线故障时，就不可继续运行。

（3）双极中性线方式

将双极两端的中性点用导线连接起来，就构成了双极中性线方式。这种方法在整流侧或逆变侧任一端接地，当一极发生故障时，能用健全极继续输送功率，同时避免了利用大地或海水作为回路的缺点。这种方式由于增加了一根导线，在经济上将增加了一定的投资。

（4）“背靠背”换流方式

没有直流输电线路，而将整流站和逆变站建在一起的直流系统称为“背靠背”换流站，两套换流站一套运行于整流，另一套运行于逆变。两套换流站设备的直流侧经平波电抗器直接相连，交流侧分别连接到两个交流电力系统中，从而完成这两个交流系统间的耦合，可以实现相互之间的电力交换，取得联网效益。这种方式适用于不同额定频率或者相同额定频率非同步运行的交流系统之间的互联。因为没有直流输电线路，所以直流系统可选用较低的额定电压。这样，整个直流系统的绝缘费用可降低，有色金属的消耗量和电能损耗就较少。目前世界各国已修建和准备投建的“背靠背”直流工程较多，其主要用途是系统增容时限制短路容量，从而不致更换大量的电气设备，而且无功功率调节比远距离直流输电更为有利。这是因为无功调节中要降低直流电压，在远距离直流输电中将引起线路损耗的增加，而“背靠背”直流系统不存在此问题。

3. *多端直流输电系统*

由三个或三个以上换流站及其连接的高压直流线路所构成的直流输电系统即为多端直流输电系统。多端直流输电系统可以实现各换流站交流端所连接的交流电力系统之间的功率输送或电力交换。多端直流系统中的换流站可以作为整流运行也可以作为逆变运行，但整流运行的总功率与逆变运行的总功率必须相等，即多端系统的输入和输出功率必须平衡。多端系统换流站之间的连接方式可以是并联或串联方式，连接换流站的直流线路可以是分支形或闭环形。此系统适用于直流输电主干线送端的多电源汇集系统和受端的多个负荷点的分配系统，以及从直流输电线路中分支接出来以供沿线难以由交流电力系统供电的小负荷，可补充增强交流电力系统的网架。

（三）直流输电的优缺点及适用场合

1. 优点

根据高压直流输电的特点，在可比条件下与高压交流输电相比较时，直流输电具有下列优点。

（1）从经济方面考虑

直流输电有如下优点：

①输送相同功率时，线路造价低。对于架空输电线路，交流用三根导线，而直流一般用两根，采用大地或海水作回路时只要一根，能节省大量的线路建设费用。对于电缆，由于直流电缆绝缘介质的强度远高于交流电缆的强度，如通常的油浸纸电缆，直流的允许工作电压约为交流的 3 倍，直流电缆的投资少得多。

②年电能损失小。直流架空输电线只用两根，导线电阻损耗比交流输电小；没有感抗和容抗的无功损耗；没有集肤效应，导线的截面利用充分。另外，直流架空线路的“空间电荷效应”使其电晕损耗和无线电干扰都比交流线路小。

所以，直流架空输电线路在线路建设初期投资和年运行费用上均较交流输电线路经济。

（2）从技术方面考虑

直流输电有如下优点：

①不存在系统稳定问题，可实现电网的非同期互联，而交流电力系统中所有的同步发电机都保持同步运行。由于交流系统具有电抗，输送的功率有一定的极限，当系统受到某种扰动时，有可能使线路上的输送功率超过它的界限，这时送端的发电机和受端的发电机有可能失去同步而造成系统的解列。如果采用直流线路连接两个交流系统，由于直流线路没有电抗，所以不存在上述的稳定问题，也就是说直流输电不受输电距离的限制。另外，由于直流输电与系统频率、系统相位差无关，所以直流线路可以连接两个频率不相同的交流系统，实现非同期联网，提高系统的稳定性。

②限制短路电流。如用交流输电线路连接两个交流系统，短路容量增大，甚至需要更

换断路器或增设限流装置。然而用直流输电线路连接两个交流系统时，直流系统的“定电流控制”将快速把短路电流限制在额定电流附近，短路容量不因互联而增大。

③调节快速，运行可靠。直流输电通过晶闸管换流器能快速调整有功功率，实现“潮流翻转”（功率流动方向的改变），在正常时能保证稳定输出，在事故情况下，可实现健全系统对故障系统的紧急支援，也能实现振荡阻尼和次同步振荡的抑制。在交直流线路并列运行时，如果交流线路发生短路，可短暂增大直流输送功率以减少发电机转子加速，提高系统的可靠性。如果采用双极线路，当一极故障，另一极仍可以大地或水作为回路，继续输送一半的功率，这也提高了运行的可靠性。

④没有电容充电电流。直流线路稳态时无电容电流，沿线电压分布平稳，无空载、轻载时交流长线路受端及中部发生电压异常升高的现象，也不需要并联电抗补偿。

⑤节省线路走廊。按 500kV 电压等级考虑，一条直流输电线路的走廊约为 40m，一条交流线路走廊约为 50m，从而前者输送容量约为后者 2 倍，即直流传输效率约为交流2 倍。

2. 缺点

下列因素限制了直流输电的应用范围：

（1）换流装置较昂贵

这是限制直流输电应用的最主要原因。在输送相同容量时，直流线路单位长度的造价比交流低，但直流输电两端换流设备造价比交流变电站贵很多。这就引起了所谓的“等价距离”问题，即如果当输电距离增加到一定值时，采用直流输电其线路所节省的费用，刚好可以抵偿换流站所增加的费用（即交直流输电的线路和两端设备的总费用相等），这个距离就称为交、直流输电线路的等价距离。

通常情况下，当输电距离大于等价距离时，采用直流输电比采用交流输电经济；反之则采用交流输电比较经济。目前，国际上规定架空线路的等价距离约为 500~700km，电缆线路约为 20~40km。随着换流装置价格的不断下降，等价距离必然也将不断地下降。当然，输电系统采用交流或直流是由诸多因素决定的，等价距离不是唯一的因素。工程实际上的等价距离是在一定的范围内变化的（交流±5%、直流±10%）。

（2）换流装置消耗无功功率多

一般情况下每端换流站消耗无功功率约为输送功率的 40%~60%，需要无功补偿。

（3）产生谐波影响

换流器在交流和直流侧都产生谐波电压和谐波电流，使电容器和发电机过热，换流器的控制不稳定，对通信系统产生干扰。

（4）换流装置几乎没有过载能力，对直流系统的运行产生不利的影响。

（5）以大地作为回路的直流系统，运行时会对沿途的金属构件和管道有腐蚀作用；以海水作为回路时，会对航海导航仪表产生影响。

（6）直流线路的积污速度快、污闪电压低，污秽问题较交流线路严重，因此较难运行维护。

（7）不能用变压器来改变电压等级。

（8）直流输电主要用于长距离大容量输电、交流系统之间异步互联和海底电缆送电等，而且只能两点一线直通传输电能，电源不能中途落点，不利于沿线地区的用电。

3. 适用场合

根据以上优、缺点，直流输电适用于以下场合：

①远距离大功率输电。

②海底电缆送电。

③不同频率或同频率非周期运行的交流系统之间的联络。

④用地下电缆向大城市供电。

⑤交流系统互联或配电网增容时，作为限制短路电流的措施之一。

⑥配合新能源的输电。

二、系统构成

（一）换流站

换流站是直流输电系统中实现交、直流变换的电力工程设施。换流站一侧接于交流系统，另一侧接到直流电网，它是直流输电系统中最重要的环节。站内装设有换流器、换流变压器、平波电抗器、换流站交流滤波装置、换流站直流滤波装置和直流输电系统控制装置等交、直流变换设备和必要的辅助设备与设施。

换流站中主要电气设备包括以下几种：

①换流器。换流器分整流器和逆变器，分别用来完成交流—直流和直流—交流转换。

②换流变压器。向换流器提供交流功率或从换流器接受功率的变压器。

③交流断路器。将直流侧空载的换流装置投入交流电力系统或从其中切除；当换流站主要设备发生故障时，在直流电流的旁路形成后，可用它将换流站从交流系统中切除。

④直流电抗器。其又称为平波电抗器，主要作用是抑制直流过电流的上升速度，并用于直流线路的滤波，同时对于沿直流线路向换流站入侵的过电压也将起缓冲作用。

⑤阻尼器。并联于换流器阀的阻尼器，主要用来阻尼阀关断时引起的振荡，抑制相过

电压，线路阻尼器用于阻尼线路在异常运行情况下发生的振荡。

⑥滤波器。其主要作用是对交流侧和直流侧进行滤波。装于交流侧的称为交流滤波器，装于直流侧的称为直流滤波器。交流滤波器除了对交流侧进行滤波外，还可为换流站提供一部分无功功率。

⑦无功补偿装置。换流器在运行时需要消耗无功功率，除了滤波器提供部分无功外，其余则由安装在换流站内的无功补偿装置（包括电力电容器、同步调相机和静止补偿器）提供。逆变站的无功补偿装置，一般还应供给部分受端交流系统负载所需要的无功功率。另外，无功补装置可兼作电压调节之用，静止补偿器和装有快速励磁调节器的同步调相机也有助于提高直流输电系统的电压稳定性。

⑧过电压保护器。其作用是保护站内设备（特别是换流器）免受雷击和操作过电压之害。在有直流电压的接点必须装设直流避雷器。

⑨电压互感器和电流互感器。对交流系统采用交流电压互感器和电流互感器：对直流侧需采用直流电压互感器和直流电流互感器。

⑩接地电极。其主要作用是连接大地（或海水）回路、固定换流站直流侧的对地电位。

⑪调节装置。根据系统的运行情况，自动控制换流器的触发相位，调节直流线路的电压、电流和功率。

⑫继电保护装置。检测换流站内设备（特别是换流器）和直流线路的故障，并发出故障处理的指令。

⑬高频阻塞装置。抑制换流器在换相过程中所引起的无线电干扰。

换流器与换流变压器组合成换流单元，是实现直流电和交流电相互转换的基本单元；直流电抗器和滤波器是分别作为交直流换流系统中抑制过电压、过电流和抑制谐波的主要设备，保证了换流站的平稳运行；辅助设备以及辅助电路保证了换流站的安全运行。

1. 换流单元

（1）换流器

直流输电所用的换流器通常采用由 12 个（或 6 个）换流阀组成的 12 脉动换流器（或 6 脉动换流器）。换流阀是直流输电为实现换流所用的三相桥式换流器中的桥臂，是电力电子元件串联组成的桥臂主电路及其合装在同一个箱体中的相应辅助部分的总称。直流输电所采用的换流阀有汞弧阀和晶闸管阀（也称可控阀）两种。

汞弧阀是一种具有汞弧阴极的真空离子器件，通过汞蒸气的电离来实现单向导电。由于汞弧阀在运行中会产生逆弧、熄弧等故障，阳极与阴极的温度有不同的要求以及安装、维护比较复杂等原因，目前已不再采用。

晶闸管阀又称普通晶闸阀，由许多规格相同的晶闸管元件串联而成作为电网换相换流器。目前的直流输电工程绝大多数均采用这种电网换相换流器，所采用的晶闸管有电触发晶闸管（ETT）和光直接触发晶闸管（LTT）两种。直流输电所用的换流阀大多采用空气绝缘、水冷却、户内式结构。

晶闸管阀的特点是：

①不会发生逆弧，可靠性高。

②无需预热与复杂的温度控制和真空技术。

③维修简便。

④电子器件价格与常规电工器件比较有相对降低的趋势。

⑤由于晶闸管阀是由众多的晶闸管元件串联而成，阀的额定电压选择有很大的自由度。

⑥省去采用汞弧阀所需的旁通阀，也延长了换流变压器的使用年限。与汞弧阀相比，晶闸管阀还具有不需要真空装置、装配室等辅助设施，甚至可以装设于户外。目前在直流输电工程中，汞弧阀已被晶闸管阀所替代。

晶闸管的特性主要取决于所采用的晶闸管元件的特性，晶闸管的芯片直径现已达到100mm以上，有效截面积达$60cm^2$以上，能承受的电压和电流分别达6kV和4kA以上。

晶闸管阀按绝缘方式分为空气绝缘阀和油浸式绝缘阀两类；按冷却方式分为风冷、油冷和水冷；按安装地点分为户内和户外式。一般空气绝缘阀为户内型，油浸绝缘阀为户外型，各有其优、缺点。为了缩小阀的体积，使整个换流站更加紧凑。

（2）换流变压器

连接换流桥和交流系统之间的电力变压器叫换流变压器，其为换流桥提供一个中性点不接地的三相换相电压，它和普通电力变压器在结构上基本相同。换流变压器在直流输电系统中的作用有：

①传送电力。

②把交流系统的电压变换到换流器所需的换相电压。

③利用变压器绕组的不同接法，为十二脉动换流器提供两组幅值相等、相位相差30°（基波电角度）的三相对称的换相电压。

④将直流部分与交流系统相互绝缘隔离，以免交流系统中性点接地和直流系统中性点的接地造成短路故障。

⑤换流变压器的漏抗可起到限制故障电流的作用。

⑥对沿着交流线路侵入换流站的冲击过电压波起缓冲抑制的作用。

由于换流变压器的运行特性与换流阀通断而造成的非线性密切相关，它在短路电抗、绝缘、谐波、直流偏磁、有载调压等方面与普通电力变压器有不同的特点和需求。

①短路电抗。当换流器的阀臂发生绝缘破坏事故时，造成换流变压器的桥侧短路，而换流器的换相过程实际上就是换流器二相短路过程。为了防止过大的短路电流通过当时正导通着的健全阀而损坏它的元件，所以换流变压器应具有足够大的漏电抗来限制短路电流。但换流变压器的漏抗也不宜选择得过大，否则换流器在运行中消耗的无功功率将增加，需要加大无功补偿设备的容量。此外，直流电压中换相压降也将过大，因此，换流变压器短路电抗的选择要兼顾到这两方面，一般取值为15%~20%。

②绝缘。换流变压器阀侧绕组和套管是在交流和直流电压同时作用下工作的，当直流电压极性迅速变化时，会使油绝缘受到很大的电应力。为解决这个问题，要使用电阻率较低的绝缘纸。为避免在雨天直流电压作用，由于不均匀湿闪而造成的闪络故障，作为阀侧绕组外绝缘的套管均伸入阀厅。

③谐波。换流变压器漏磁的谐波分量会使变压器的杂散损耗增大，有时可能使某些金属部件和油箱产生局部过热现象。因此，在有较强漏磁通过的部件要用非磁性材料或采用磁屏蔽措施。

④直流偏磁。如果换流器触发相所用的时间间隔不相等，则交流相电流的正负半波不同，它的平均值将不等于零。也就是相电流中存在着直流分量，这一直流分量流过换流变压器桥侧绕组时将产生直流磁化现象（也称直流偏磁）。当铁心周期性饱和，发出低频的噪声，它的频率只有正常励磁情况下的变压器噪声频率的一半，可以把这种低频噪声作为换流变压器发生直流磁化的征兆。与此同时，变压器的损耗和温升也将增加。因而，换流变压器铁心正常运行的磁通密度要设计略小一些。

⑤有载调压。换流变压器应具有较多的有载调压分接开关，利用分接开关可使直流输电系统经常运行在最佳状态，换流器触发角运行在适当的范围内，以兼顾到运行的安全性和经济性。分接开关调压范围一般为±15%，每挡调节量为1%~3%，以达到分接开关调节和换流桥触发控制联合工作，做到既无调节死区，又可避免频繁往返动作。

2. 直流电抗器

直流电抗器也称平波电抗器，一般串接在每个极换流器的直流输出端与直流线路之间，主要起抑制直流线路电流和电压脉动的作用。其结构按绝缘和冷却方式的不同，有油浸式和干式两种，按磁路结构不同有空心式和铁心式两种。空心电抗器的电感值基本是线性的，而铁心电抗器则有较大的非线性度，在小电流时电感值较大，可减少直流电流间断的可能性。

直流电抗器的主要作用：

①限制直流系统发生事故时直流电流的上升率，以避免事故的扩大。

②抑制直流侧脉波的谐波分量，减小对临近高频通道的干扰。

③防止直流低负荷时直流电流间断以及引起过电压现象的出现。

④对于沿直流线路向换流站入侵的过电压起缓冲的作用。

为了达到上述目的，直流电抗器的电感量越大越好。但是直流电感太大，运行时容易产生过电压，同时电磁惯性太大，对自动控制响应迟钝。一般在已建的直流工程中，直流电抗器的电感值为0.4~1.5H。

直流电抗器的设置和接线方式有多种：

①一般方式是将直流电抗器串接在一个极中，处于高电位。

②T接法是将直流电抗器分为两半，中间接有直流滤波器，以增强抑制谐波和高频阻塞的作用，两个电抗器都设置在高电位。

③将电感分为一大一小的两部分，分别串接设置在极上和换流器中性点部位的引出线上，并处于高、低电位，高压侧的电感数值较小，低压侧的数值较大，既降低成本，又减小了高压侧线圈的匝间电容，增强了其高频阻塞的效果。

④在直流输电线路是电缆线路的情况下，全部电感可设置在中性点部位。

3. 滤波器

由于换流装置交流侧的电压和电流的波形不完全是正弦波，直流侧的电压和电流也不是平滑恒定的直流，即它们都含有多种谐波分量。也就是说换流装置是一个谐波源，它将在交流侧和直流侧产生谐波电压和谐波电流。一个脉波数为 p 的换流器，在它的直流侧产生的谐波次数为 $n = kp$，在它的交流侧产生的谐波次数为 $n = kp \pm 1$，其中 k 是任意正整数。大多数高压直流系统的换流器，其脉波数为6和12，产生的大量谐波会使交流电网中的发电机和电容器由于谐波的附加损耗而过热，对通信设备产生干扰，使换流器的检测不稳定，还有可能引起电网中发生局部的谐振过电压。

目前，减少换流器谐波的主要方法是采用增加脉波数和装设滤波器两种。但是对于高压直流系统中的换流器，普遍认为增加脉波数到12以上时，将使换流站接线复杂，投资增加。所以在换流器的交流侧目前几乎都采用滤波器以限制交流谐波。而滤波器中的电容器也同时可提供换流器所需的部分无功功率。在换流器的直流侧，总是用相当大电感的串联直流电抗器来限制直流电压和电流中的谐波。对于与直流电缆相连接的换流器，它的直流侧除直流电抗器外，一般不需要装设另外的滤波装置，而对于架空线路，则需装设直流滤波器。

滤波器的分类可按其用途分为交流滤波器和直流滤波器；按连接方式可分为串联滤波器和并联滤波器；按阻抗特性分为单调谐滤波器、双调谐滤波器和高通滤波器。并联滤波器与串联滤波器相比，滤波效果较好；并联滤波器的一端接地，通过的电流只是由它所滤除的谐波电流和一个比主电路中小得多的基波电流，绝缘要求也低；在交流情况下，并联滤波器除滤波外，其中的电容器还可同时向换流器提供无功功率。因此，高压直流系统中一般都采用并联滤波器。

（1）交流滤波器

安装在换流站交流侧用来吸收换流器交流侧谐波电压、电流的装置称为交流滤波器。交流滤波器是换流站的重要设备之一，其投资约占换流站总投资的5%~15%，而其中的电容器又是滤波器投资的主要部分。换流站交流滤波装置一般是由若干个单独用于吸收某些特定次数谐波的三相滤波器组并联而成，三相滤波器组内三个相同的滤波器各自接成星形。每个滤波器在一个或两个谐波频率的指定变化范围内或高频带下呈现低阻抗，使换流站交流侧对应于这些频率范围或高频带的谐波电流绝大部分流入滤波器，从而减少注入交流系统的谐波，达到降低谐波的要求。目前广泛使用的交流滤波器有单调谐滤波器、双调谐滤波器和两阶高通滤波器三种。

①单调谐滤波器。这种滤波器是电阻R、电感L和电容C等元件串联组成的滤波电路，它在某一低次谐波（或接近低次谐波）频率下的阻抗最小。

②双调谐滤波器。这种滤波器对两种低次谐波同时具有很低的阻抗，即可同时抑制两种特征谐波，它实际上相当于两个单调谐滤波器，且具有两条相并联的支路。

③两阶高通滤波器。这种滤波器是在一个很宽的频带范围内（例如17次及以上的各次谐波频率）呈一个很低的阻抗。

（2）直流滤波器

虽然平波电抗器能够起到限制直流谐波的作用，但对于架空线路，通常还需装设直流滤波器。直流滤波器定义为安装在换流站直流侧，与平波电抗器配合用以疏导和抑制直流侧谐波电压、电流的装置。直流滤波装置的形式与交流滤波装置基本相同，通常采用谐振于低次特征谐波频率的单调谐滤波器、高通滤波器及其组合。它与交流滤波装置主要不同点在于：交流滤波装置中有较大的基波电流，而直流滤波装置中无直流电流。一般在平波电抗器不满足谐波抑制的要求时，则需装设直流滤波器，在“背靠背”直流耦合系统中和采用直流电缆电路时，无需设置直流滤波器。

4. 辅助设备以及辅助电路

（1）站用电系统

换流站的站用电系统与交流变电站站用电系统基本相同，一般有 380/220V 三相交流和 220V 或 110V 直流。直流一般由蓄电池提供，但可靠性要求和抗干扰要求都比变电站的要高。

换流站对站用电的可靠性要求包括：

①换流阀控制、调节、远动及触发脉冲装置必须不间断地连续工作，不允许站用电的瞬间中断。

②对一些特殊设备，例如，有些直流电压互感器、直流电流互感器以及采用交流助磁的交流供电电源，也必须采用连续可靠的供电系统。

③对于换流阀冷却系统的各种用电装置，如风机、水泵等，一般允许采用交流双电源自动投入备用电源的供电系统。

对于换流阀的控制、调节、远动（包括通信通道）及触发脉冲均为弱电系统，为确保其稳定可靠地工作，在供电系统上必须严格采取防止干扰的措施，如采用与外界屏蔽的独立电源供电。

（2）换流阀冷却系统

换流阀的冷却介质有空气、水、油及氟利昂冷却介质等。为了保证冷却介质高度的可利用率，冷却装置必须按直流极数或更小的单元来划分，同时冷却回路中的各种设备必须有足够的备用台数与容量。当今世界上采用空气冷却和水冷却换流阀的较多，随着单阀容量的增大，水冷阀有增多的趋势。

（3）换流阀的辅助电源

用单相变压器把汞弧阀所需要的辅助电力变换到阀电位。由于它既向负偏压供电，又向励弧器电弧供电，因此必须高度可靠，特别是在交流故障情况下更应如此。随着交流故障而出现的电压下降，必须在规定的时间限度以内不致引起汞弧阀的误操作。晶闸管阀的一个很大的优点是不需要辅助电力供阀之用，所以不会发生上述的问题。

（4）操作及保护回路

无论是手动操作或自动操作，目的都是想改变工作状态，同时希望新状态能不受任何环境的影响而一直保持到发布下一操作指令为止。为避免发生虚假的状态变化而取消这种操作的情况（例如由整流运行方式变成逆变运行方式，或由关断变成导通），换流器要靠换向继电器来保持所给的命令。

直流输电终端站中的保护、操作、测量和控制回路的公用设备，通常要比其他装置中的公用设备多，这就要求保护回路的中间连接部件有更严格的可靠性。电压测量中只装一只共用电阻器，测量电流用的直流互感器也不是双联的，与交流互感器不一样。

（5）接地网

换流站中各种设备的保护接地方式基本与交流变电站的相同。但对工作接地有特殊要求。换流站的工作接地可分为直流输电接地、电极接地和电位接地。电位接地是否可与换流站总接地网相连，需要核算直流接地短路电流通过换流变压器中性点时是否会引起换流变压器的磁偏，必要时可与总接地网分开，或在换流变压器中性点接地回路中串接电阻。换流站的直流电位接地一般是引出独立的接地极，以分散接地短路电流，然后再与换流站总接地网相连。

（6）通信

换流站之间的信息交换非常重要，要求供给辅助电力，这种设备在很大程度上要双重配备，配备的程度要看载波通道本身双重配备的性质而定。如果通信出了故障，则两侧应具备记忆功能，一边保持住瞬间控制状态，一边改用一种临时的而不太灵活的控制方法，这种方法能在短时间内发挥通信通道的作用。

（二）直流输电线路

直流输电线路是直流输电系统的重要组成部分。直流输电之所以在经济上具有竞争力，其主要原因就在于直流输电线路的经济指标优于交流输电线路。

就基本结构而言，直流输电线路可分为架空线路、电缆线路、架空-电缆混合线路三种类型，它们分别用于不同的场合。另外，以大地或海水作为廉价和低损耗的回流电路，也已得到广泛的应用。

1. 直流架空线路

按构成方式的不同，直流架空线路可分为三种基本类型：

（1）单极线路

只有一极导线，一般以大地或海水作为回流电路。

（2）同极线路

具有两根同极性导线，同时也利用大地或海水作为回流电流。

（3）双极线路

具有两根不同极性的导线，有些采用大地（海水）回流，也有一些采用金属回流。当两极导线中的电流相等时，回流电路中就没有电流；如果一极导线发生故障，另一极导线初期可利用回流电路继续运行。

2. 直流电缆线路

在许多场合必须采用电缆线路是成为选用直流输电的决定性因素。由于特殊原因（例如需要跨越水域、难以解决架空线路走廊用地问题等）而不得不采用电缆来送电时，往往需要采用直流输电。

目前实际使用的高压直流电缆有下列几种：黏性浸渍绝缘电缆、充油电缆、充气电缆和挤压塑料电缆。一般额定电压在 250kV 及以下者均采用价格比较便宜的黏性浸渍绝缘电缆，超过 250kV 时，大多采用充油电缆。

3. 大地回路

利用大地作为回流电路具有下列好处：

①和同样长度的金属回路相比，大地回路具有较小的电阻和较小的损耗。

②采用大地回路，就可以根据输送容量的逐步增大而进行分期建设。第一期可以先按一极导线加大地回路的方式作单极运行，第二期再建设另一极导线，使之成为双极线路。

③在双极线路中，当一极导线或一组换流器停止工作时，仍可利用另一极导线和大地回路输送一半或更多的电力。

但是，采用大地回路也会带来一系列问题和副作用，表现在以下几方面：

①接地电极的材料、结构和埋设方式必须因地制宜加以选择、设计和施工，其中有不少技术问题需加以研究。

②在接地电极附近产生可能会危及人、畜、鱼类的危险电位梯度。

③地中电流对地下金属物体（特别是电缆、水油气管道等）的电解腐蚀。

④地中电流对其他系统（例如交流电力系统，通信系统等）会产生干扰影响。

⑤海底电缆的电流对磁罗盘读数的影响。

⑥回流电流对鱼群等水生物的影响。

第二节　直流输电系统的控制和运行特征

一、直流输电系统的控制框架

直流输电的一个重要优点就是通过各种控制和调节元件对直流系统实现多种快速的调节。直流输电系统在稳态正常运行方式下的运行参数主要是两端的直流电压、直流电流和输送功率。在运行中，各种因素的变化（如负荷的变化、电压的波动以及各种扰动）都会使上述运行参数发生变化。高总控制是高压直流输电控制系统的一部分，它的主要作用是对直流系统的每一个换流站提供该站控制系统所需的输入指令，使直流输电系统按设计要求运行（例如实现功率、频率或电流的控制）。

站控制是构成一个完整的整流站或逆变站的控制、监视和保护系统的公共部分，它对换流站内每一个极（正、负极）提供互相协调的被调量指令，如电流或功率指令等。极控制是使换流站内每一个极的各个换流器单元（又称换流桥）的控制系统互相协调，使提供的被调量输出只产生最小的谐波量。桥控制用于控制构成换流器的每个阀的触发相位。所设计的直流输电系统的各种运行控制特性，最终是通过桥控制来实现的。因此，桥控制是构成直流输电控制系统的重要单元，通常包括以下几种：

①脉冲相位控制装置：用来产生触发换流阀的控制脉冲。

②换流桥监视装置：用来测量、记录和显示与换流桥有关的重要电气量、机械量和热量的参数。

③换流桥保护装置：用来保护换流桥有关部件，以防止由于异常工况或事故而造成的损害。

④换流桥程序控制装置：用来使换流桥的相位控制装置、监视和保护装置的工作协调起来，并且能够在运行工况发生变化时，对换流桥进行有关的程序控制。

二、直流输电系统的控制方式

直流输电系统基本的控制方式有定电流控制、定电压控制、定越前角 β 控制、定熄弧角 γ 控制和定延迟角 α 控制等。

（一）定电流控制

定电流控制是将换流器直流电流维持在整定值的控制方式。其作用是保持电流恒定，防止故障电流过大或避免直流电流过小而发生间断。

（二）定电压控制

定电压控制的基本原理与定电流控制相似，只是反馈信号改变为直流电压。在这种控制系统的作用下，是以维持直流电压等于整定值为目标。

（三）定触发角控制

定触发角控制又分为两种情况：对于整流器而言，为定延迟角控制（定 α 角控制）；而对逆变器而言，为定越前角控制（定 β 角控制）。

对定 α 控制，有

$$U_{d1} = E_1\cos\alpha - I_d R_{c1}$$

随着 a 角的增加，斜线往下移动，斜线的斜率为 R_{c1} 。

对定 β 控制，有

$$U_{d2} = E_2\cos\beta - I_d R_{c2}$$

随着 β 角的增加，斜线向下移动，斜率为 $+R_{c2}$ 。

（四）定熄弧角 γ 控制

在实际应用中，逆变器的控制方式并不以 β ，而是以熄弧角 γ 作为控制对象。所以，定熄弧角 γ 控制是逆变器最常用的控制方式，由于 H 所以控制 γ ，也就控制了 β 。

对定 γ 控制，有

$$U_d = E_2\cos\gamma - I_d R_{c2}$$

（五）功率控制和频率控制

由于直流输电线路需要按计划输送一定的功率，如果直流输电只设计定电流控制，那么在两侧交流系统电压波动不大时，基本上能满足定功率输送的要求。

如果两侧交流系统电压波动较大时，则必须装设定功率控制来满足要求。

三、高压直流输电运行方式

直流输电工程的运行方式是指在运行中可供运行人员进行选择的稳态运行的状态。运行方式与工程的直流侧接线方式、直流功率输送方向、直流电压输出方式以及直流输电系统的控制方式有关。直流输电工程的运行方式是灵活多样的，运行人员可利用这一特点，根据工程的具体情况以及两端的交流系统的需要，合理地选择运行方式，可有效地提高运行的可靠性和经济性。

（一）运行接线方式

对于双极两端中性点接地的直流输电工程，当一极停运后，可供选择的单极接线方式有以下三种。三种接线方式的运行性能和对设备的要求不同。

1. 单极大地回线方式

要求非故障极两端换流站的设备和直流输电极线完好，两端接地极系统完好；两端换流站的故障极或直流线路的故障极可退出工作，进行检修。运行电流的大小和运行时间的长短受单极过负荷能力和接地极设计条件的限制。这种运行方式的线路损耗比双极方式一个极的损耗略大，其直流回路电阻增加了两端接地极引线和接地极的电阻。

2. 单极金属回线方式

除要求非故障极两端换流站的设备及直流输电极线完好外，还要求故障极的直流输电极线能达到金属返回线绝缘水平的要求；两端换流站的故障极和接地极系统可退出工作，进行检修。其运行电流只受单极过负荷能力的限制而与接地极系统无关。当接地极系统故障需要检修或进行计划检修时，可选择这种接线方式。但因其线路损耗和运行费用最大，一般应尽量避免采取这种方式长期运行。

3. 单极双导线并联大地回线方式

要求非故障极两端换流站的设备完好，两极直流输电线路均完好，两端接地极系统完好；两端换流站的故障极可退出工作，进行检修。因此，只有当两端换流站中只有一个极设备故障，而其余的直流输电系统设备均完好时，这种接线方式才有选择的可能性。其运行电流的大小和运行时间的长短受单极过负荷能力和接地极设计条件的限制。这种接线方式是此类工程单极运行时最经济的接线方式。其线路损耗约为双极运行时一个极损耗的1/2，其直流回路的电阻略大于单极电阻的1/2。

双极两端中性点接地的直流输电工程，当一极故障停运而转为单极运行时，有时需要进行单极大地回线和金属回线方式的相互转换。为了减少直流输电工程停运对两端的交流系统的影响，提高运行的可靠性和可用率，这种接线方式的相互转换，可通过大地回线转换开关（GRTS）和金属回线转换断路器（MRTB），在直流输电不停运的状况下带负荷切换。

（二）全压与降压运行方式

直流输电工程的直流电压在运行中可以选择全压运行方式（额定直流电压方式）或降压运行方式。降压方式是直流输电工程在恶劣的气候条件或严重污秽的情况下，为了降低输电线路的故障率，提高输电的可靠性和可用率而采用的一种正常运行方式。由于直流输电工程的直流电压可以通过控制系统（改变触发角 α ）以及换流变压器的抽头调节快速方便地进行控制，使得降压运行很容易实现。降压幅值太小，则起不到降压后提高可靠性和可用率的作用；降压幅度太大，则导致直流输电在大触发角下运行，这将使直流输电的运行条件变坏，同时也将使换流站的造价升高。根据多年的运行经验，通常降到额定直流电压的70%~80%为宜，此时的触发角 α 为40°~50°。

在运行中对全压方式和降压方式的选择原则是：首先，能全压运行时则不选择降压运行。因为在输送同样功率的条件下，直流电压的降低则使直流电流按比例相应的增加，这将使输电系统的损耗和运行费用升高。因此，为了使直流输电工程在最经济的状态下运行，其直流电压应尽可能地高。其次，在降压方式下，直流输电系统的最大输送功率将降低。直流输送功率是直流电压和直流电流的乘积。当工程设计为降压方式的额定电流与全压方式相同时，降压方式的额定功率降低的幅度与直流电压降低的幅度相同。如果降压方式要求相应的降低直流额定电流，直流输送功率则降低得更多。例如：降压方式的直流电压选择为额定直流电压的70%，而额定直流电流不变，则降压方式的额定输送功率为全压方式的70%。如果在直流电压降低到70%的情况下还要求直流电流也相应地降低到其额定值的70%，则此时的直流输送功率仅为全压方式的49%，即输送功率将降低一半。再者，在降压方式下换流器的触发角 α 增大，这将使换流站的主要设备（换流阀、换流变压器、平波电抗器、交流和直流滤波器等）的运行条件变坏。如果长时间在降压方式下大电流运行，换流站主要设备的寿命将会受到影响。

（三）功率正送与功率反送方式

直流输电工程也具有双向送电的功能，它可以正向送电，也可以反向送电。在工程设计时确定某一方向为正向送电，另一方向则为反向送电。正在运行的直流输电工程进行功率输送方向的改变称为潮流反转。利用控制系统可以方便地进行潮流反转。直流输电工程的潮流反转有手动潮流反转和自动潮流反转、正常潮流反转和紧急潮流反转。通常紧急潮流反转均是由控制系统自动地进行，而正常潮流反转可以手动进行也可以自动进行。

由于换流阀的单向导电性，直流回路中的电流方向是不能改变的。因此，直流输电的潮流反转不是改变电流方向，而是改变电压极性来实现。例如：对于双极直流输电工程，假定正向送电时极 1 为正极性，极 2 为负极性：而在反向送电时，则极 1 为负极性，极 2 为正极性。对于单极直流输电工程，如正向送电时为正极性，反向送电时则为负极性。

潮流反转需要改变两端换流站的运行工况，将运行于整流状态的整流站变为逆变运行，而运行于逆变状态的逆变站变为整流运行。因此，对于具有潮流反转功能的直流输电工程，要求两端换流站的控制保护系统既能满足整流运行的要求，又能满足逆变运行的要求，从而增加了换流站控制保护系统的复杂性。为了满足功率反送时的要求，有时需要扩大换流变压器的抽头调节范围以及修改整流站的无功功率配置。

1. 正常潮流反转

在正常运行的情况下，当两端的交流系统的电源或负荷发生变化时，要求直流输电进行潮流反转。这种类型的潮流反转通常由运行人员进行操作，也可以在设定的条件下自动进行。为了减小潮流反转对两端的交流系统的冲击，一般反转速度较慢，可以在几秒钟或更长的时间内完成。必要时也可以在反转前将输送功率逐步降低到其最小值，反转后将输送功率逐步升高。

2. 紧急潮流反转

当交流系统发生故障，需要直流输电工程进行紧急功率支援时，则要求紧急潮流反转。此时，反转的速度越快则对系统的支援性能越好。直流输电的潮流反转是直流电压极性的反转。在直流电压一定的情况下，潮流反转需要的时间主要取决于直流线路的等值电容，即直流电压由额定值降到零以及由零又升到其反向额定值，在线路电容上的放电时间和充电时间。对于架空线路来说通常在几个周期内即可完成（数百毫秒）。对于直流电缆线路，为了防止当电压极性反转较快时对电缆绝缘产生的损伤，反转速度需要受到限制。

（四）双极对称与不对称运行方式

双极对称运行方式是指双极直流输电工程在运行中两个极的直流电压和直流电流均相等的运行方式，此时两极的输送功率也相等。双极直流输电工程在运行中两个极的直流电压或直流电流不相等时，均为双极不对称运行方式。

1. 双极对称运行方式

双极对称运行方式有双极全压对称运行方式和双极降压对称运行方式。前者双极的电压均为额定直流电压，而后者双极均降压运行。输电系统的损耗全压运行比降压运行小，换流器的触发角也小；换流站设备的运行条件好，直流输电系统的运行性能也好。因此能全压运行时，则不选择降压方式。双极对称运行方式两极的直流电流相等，接地极中的电流通常小于额定直流电流的1%，其运行条件好，长期在此条件下运行，可延长接地极的寿命。因此，双极直流输电工程，在正常情况下均选择双极全压对称运行方式。这种运行方式可充分利用工程的设计能力，直流输电系统设备的运行条件好，系统损耗小，运行费用小，可靠性高。只有当一极输电线路或换流站一极的设备有问题，需要降低直流电压或直流电流运行时，才会选择双极不对称运行方式。

2. 双极不对称运行方式

双极不对称运行方式有双极电压不对称方式、双极电流不对称方式及双极电压和电流均不对称方式。

双极电压不对称方式是指一极全压运行，另一极降压运行。在电压不对称的运行方式下，最好能保持两极的直流电流相等，这样可使接地极中的电流最小。此时，由于两极的电压不等，其输送功率也不相等。当降压运行不要求降低额定直流电流时，其输送功率将按降压的比例相应降低。如果在一极降压运行之前，其直流电流低于额定直流电流，则由一极降压引起输送功率的降低，可用加大直流电流的办法来补偿，但最多只能补偿到直流电流的最大值。

双极直流输电工程在运行中如某一极的冷却系统有问题，需要降低直流电流运行时，可考虑选择双极电流不对称运行方式。电流降低的幅度视冷却系统的具体情况而定。此时接地极中的电流为两极电流之差值，电流降低的幅度越大，则接地极中的电流也越大。因此，电流降低的幅度以及运行时间的长短还需要考虑接地极的设计条件。

当需要单极降压和降电流时，则形成双极电压和电流均不对称的运行方式。

第三节　特高压交流输电技术

一、特高压交流输电概述

（一）特高压电网介绍

1. 特高压电网的发展

电网经历了从中压电网、高压电网到超高压电网，再到特高压电网的发展历史。理论上，输电线路的输电能力与输电电压的平方成正比，输电电压提高一倍，输送功率的能力将提高 4 倍。电网的发展历史表明，各国在选择更高一级电压时，通常使相邻两个输电电压之比等于 2，多数是大于 2，这样可使输电网的输送能力提升 4 倍以上。实践证明，以这样的电压级差构成的电网才可能经济合理，并适宜于电网的发展和服务区域范围的扩大。

电力规模经济性是输电网从高压、超高压向特高压发展的动力。高效率的大型、特大型发电机的建造和运行，以其为基础建设的特大容量规模的水电站、火电站和核电站，需要更高电压的输电网，主要是 750（765）kV 和 1000（1100）kV 电压等级的输电网，将电力从远方发电厂输送到负荷中心。大容量、远距离输电的需求促进了特高压技术的发展。特高压输电技术与超高压相比更为复杂，制约因素更多。

根据超高压电网的形成规律，特高压电网的发展将由最初的大容量、远距离输电工程或区域电网间的强联网工程开始。随着我国用电负荷的强劲增长及输电容量和规模的扩大，我国可能在跨省（区）500kV 电网之上逐步形成以实现远距离、大规模、低损耗输电为特征的特高压骨干电网。

2. 特高压电网发展目标

发展特高压输电有三个主要目标：

①大容量、远距离从发电中心（送端）向负荷中心（受端）输送电能。

②电网之间的强互联形成坚强的互联电网，目的是更有效地利用整个电网内各种可以利用的发电资源，提高互联的各个电网的可靠性和稳定性。

③在已有的超高压电网之上覆盖一个特高压输电网，目的是把送端和受端之间大容量输电的主要任务从原来超高压输电转到特高压输电，以减少超高压输电的距离和网损，使整个电力系统能继续扩大覆盖范围，并更经济、可靠地运行。

3. 特高压电网的优点

根据国内外有关研究成果，采用特高压输电的主要优点是：

①提高远距离、大容量输电的效率，实现更大范围的资源优化配置。

②减少输电损耗，降低输电成本。

③降低系统的短路电流，从而提高系统的稳定性。

④减少输电线路走廊，降低建设输电线路征用土地的费用等。

（二）特高压电压等级的选择

通常按未来20~30年输电网不同的平均输送容量和不同的平均输电距离的要求，以1~2个电压等级进行输电能力分析，作出不同方案的每千瓦电力的输电成本曲线，以各成本曲线的经济平衡点或平衡区决定更高电压标称值。一般认为：对于330（345）kV电网，选用750（765）kV，平均输电距离300km及以上；对于500kV电网，选用1000（1100）kV，平均输送距离500km及以上。

经过大量的分析，普遍认为超高压电网更高一级电压标称值应高出现有电网最高电压1倍及以上。这样，输电容量可提高4倍以上，不但能与现有电网电压配合，而且为今后新的更高电压的发展留有合理的配合空间，能做到简化网络结构，减少重复容量，容易进行潮流控制，减少线路损耗，有利于安全稳定运行。

根据特高压、超高压两个电压等级之比大于2倍的经济合理配合和新的更高电压等级的技术成熟时间以及电力需求的发展要求，500kV以上的特高压合理电压等级为1000（1100）kV；750（765）kV以上的特高压合理电压等级为1500kV。

（三）特高压变电站的主接线

特高压线路输送的容量很大，发生故障时影响范围广，应该采用可靠性高的电气主接线方式。另外，由于特高压设备都很昂贵，如何通过技术、经济比较，在电气主接线的设计上，优化设计方案，使用较少的电气设备达到最好的性能和最高可靠性，使得效益投资比最大，是特高压电气主接线设计上的一个重要问题。

特高压断路器十分昂贵，在特高压变电站中，一般采用一个半断路器的电气主接线比较合适，它可以保证较高的可靠性（在每条出线或电源上总有两个断路器）。如果进出线回路数较多，还可以采用3/4断路器接线。在变电站建设初期，出线数目较少时也可采用三角形接线过渡或环形接线方式。

（四）特高压变电站的配电装置

特高压配电装置主要可分为户外敞开式配电装置和户外气体绝缘金属封闭配电装置（GIS）两种型式。

1. 户外敞开式配电装置

特高压配电装置由于电压高，外绝缘距离大，电气设备的外形尺寸也高大，使得配电装置的占地面积庞大，很难布置在户内。因此特高压敞开式配电装置只能采用户外式。同时，根据占地面积大这一特点，特高压敞开式配电装置还要求采取有效措施（高压电抗器、断路器和避雷器等）限制过电压（短时工频过电压、操作过电压和雷电过电压）水平。其绝缘配合的要求，是以安装在变电站的避雷器的保护水平为基础，选取一定的裕度，保证足够的可靠性，合理地选择配电装置的绝缘水平，以此作为设计配电装置的基础。此外，在特高压敞开式配电装置中，工频电场强度、电晕及无线电干扰和可听噪声等问题都比500kV超高压更加突出。

在特高压敞开式配电装置中，为了节约用地，要重视母线及隔离开关的选型及布置方式。它们一般占地面积为整个配电装置总面积的50%～60%。一般母线布置在设备上方，双母线接线时，两组母线上下两层重叠布置。电气设备采用组合方式等也可以节约配电装置的面积。敞开式配电装置的悬式绝缘子及支柱绝缘子要根据变电站的环境而采用不同的型式。悬式绝缘子耐受过电压的能力，一般要高于线路上的绝缘子。绝缘子串中的个数要比线路上多，空气间隙也比线路上大一些，以保证更高的可靠性。敞开式配电装置占地面积较大，但投资较低，适用于变电站的扩展。

2. 户外气体绝缘金属封闭配电装置（GIS）

采用GIS可大幅度压缩占地面积，在有些情况下占地面积可以减少90%或更多。GIS的价格较高，但由于特高压变电站的面积很大，采用GIS预计可以减少较多的面积，特别在重污染、高海拔、强地震等环境条件特别恶劣以及场地狭窄的地区会有其优越性，可以与敞开式配电装置进行经济技术比较。

按照使用条件不同，GIS 也可以分为户内型和户外型。但由于特高压的面积和体积都很大，不太可能采用户内型。在 GIS 中，也可以将母线配置在金属封闭容器之外，以节约造价，这种配电装置称为 HGIS。

二、特高压交流输电系统运行与过电压

（一）特高压交流输电系统的运行特性

1. 特高压输电线路特性

输电线路的基本电气参数是电阻（R）、电抗（X）、电纳（B）和电导（G），它们决定了输电线路和电网的特性。对于特高压输电线路来说，电阻主要影响线路的功率损耗。电导代表绝缘子的泄漏电阻和电晕损失，泄漏和电晕功率损耗与电阻功率损耗相比，通常要小得多，一般在稳态分析时，可忽略不计。特高压输电线路的电感是决定电网潮流，即有功和无功分布的主要因素，影响输电线路的电压降落和电力系统的稳定性能。特高压输电线路的线间电容和线对地电容与电容器板间建立的电容是类似的。线路电容在交流电压作用下使线路产生交流充电和放电电流，称为电容电流。输电线的电容电流不仅影响输电线的电压降落，而且也影响输电效率和电力系统的有功和无功分布。

（1）功率损耗和电压降落

输电线路电阻功率损耗与流过输电线路的电流平方成正比，与电阻值成正比。电阻上的功率损耗是输电距离、导线的电阻率和电压的函数。输电线路流过的电流 $I = S/U$ 与电压成反比。当输送功率一定时，提高线路输电电压，可减少电流，从而显著减少输电线路电阻功率损耗；增加导线截面和减少导线材料的电阻率可减少输电线路电阻，亦可减少输电线路电阻功率损耗。通常情况下，1000kV 级输电线路每千米电阻值约为 500kV 的 20%，两个电压等级的输电线路流过相同电流，1000kV 输电线路电阻功率损耗仅为 500kV 线路的 20%。在满足稳定条件下，单回 1000kV 输电线输送功率通常为 500kV 输电线路的 4 倍以上。采用特高压输电能特别明显地降低输电线路电阻功率损耗，其经济效益体现在：

①减少电网内发电机组安装容量。

②缓解电网调峰压力。

③提高电网企业的输电效率，减少电量损失，从而减少电网运行费用。

特高压输电线路功率损耗除了电阻功率损耗外，还有电晕放电功率损耗和绝缘子泄漏损耗。电晕功率损耗几乎与电压成正比，而与输送功率大小无关。当采用非对称分裂导线

布置时，还可使电晕损耗有所降低。绝缘子泄漏损耗几乎微乎其微。

（2）自然功率

以输送自然功率来看特高压线路，特高压输电有如下特性：

①线路在输送自然功率时，送端和受端的电压和电流间相位相同，功率因数没有变化，沿线路电压和电流幅值不变。

②线路在输送自然功率时，线路电抗的无功损耗基本等于线路电纳（线路电容）产生的无功功率，在线路的送端和受端不产生无功功率，也不吸收无功功率。特高压输电线路按自然功率输送是最经济合理的。

（3）有功功率与无功功率的输送

自然功率是电压和线路单位长度阻抗和导纳的函数，线路输送的自然功率与线路长度无关，长线路和短线路输送的自然功率一样。由于线路电容产生的无功和线路电抗的无功损耗均是线路长度的函数，即线路长度增加，电抗和电容的无功损耗都增加，反之亦然，特高压输电与超高压输电在输送功率与无功的关系的变化规律是一样的。同一电压等级下，特高压线路越长线路电容产生的无功损耗越多；同样长线路下，电压等级越高，线路电容产生的无功损耗越多。

为了限制工频过电压，特高压输电线路通常在线路送端和受端装设并联电抗补偿，一般补偿度选为75%左右。但是当并联电抗补偿接入线路时，无功差与输电功率的特性将往下移，增加了电压和无功调节的难度，甚至要影响特高压线路的输电能力。如果用可控电抗补偿代替固定并联电抗补偿，将能兼顾工频过电压限制和无功调节，大大有利于特高压电网的运行。

2. 特高压输电的稳定性

特高压输电的显著特点是能输送比超高压线路大得多的功率。如果特高压输电线路突然中断大功率的输送，将给受端系统造成大的功率缺额，给下一级500kV电网带来严重的安全运行问题。为了使包括特高压电网在内的整个电力系统安全稳定运行，通常采用双回特高压输电线路将送端系统的电力输送到远方的负荷中心。

特高压输电线路实际运行时所输送的功率和超高压输电一样，必须满足电力系统功角稳定，包括静态稳定、暂态稳定、动态稳定和电压稳定的要求。

根据特高压输电稳定性的要求和特高压输电的性能特点，从静态稳定和小干扰电压稳定考虑，特高压输电能力应满足如下稳定限制要求：

（1）静态稳定裕度应达到30%~35%，包括送、受端系统等值阻抗在内的等效的两端电动势的功角相应地为44°~40°

相对于超高压输电来说，发电机的暂态电抗和特高压变压器短路电抗在整个特高压输电的系统阻抗比率值比超高压输电的大。在一般的送、受端系统强度下，双回输电线路的输电能力为单回输电能力的 1.3 倍或小于 1.3 倍。如果单回输电线的静态稳定裕度能保持在 30%~35%，则一回输电线路故障跳开后，特高压输电系统仍能保持在静态稳定极限范围之内。按照这样的静态稳定裕度确定线路的输送功率的能力，双回输电线路的静态稳定裕度还要大一些。如果采用快速继电保护和快速断路器跳开故障线路，一般来说，其暂态稳定性是可以得到保证的。

（2）特高压输电线路两端电压降落应保持在 5%左右

线路两端电压降落保持在 5%左右，运行点离临界电压点有足够的有功和无功距离。当然首先要配置好受端系统的无功补偿，使输电线路在重负荷条件下，电压失稳的临界电压应低于最低电压，达到 5%。

按以上稳定性原则确定的输电能力，还应将输电系统接入到整个电力系统进行详细的暂态稳定、动态稳定和电压稳定仿真计算，从功角稳定和电压稳定的角度，确保特高压输电有高的可靠性。

（二）特高压交流输电系统过电压

电力系统内部过电压是指由于电力系统故障或开关操作而引起电网中电磁能量的转化，从而造成瞬时或持续时间较长的高于电网额定允许电压并对电气装置可能造成威胁的电压升高。内部过电压是电力系统中的一种电磁暂态现象。内部过电压分为操作过电压和暂时过电压两大类。在故障或操作时，瞬间发生的过渡过程过电压称为操作过电压，其持续时间一般在几十毫秒之内。在暂态过渡过程结束以后出现持续时间大于 0.1s 至数秒甚至数小时的持续性过电压称为暂时过电压。

操作过电压是由断路器及隔离开关操作和系统故障引起的暂态过渡过程，既包括断路器的正常操作，也包括各种分闸以及故障及故障切除过程引起的过电压。操作过电压具有幅值高、存在高频振荡、阻尼较强以及持续时间短等特点。操作过电压对电气设备绝缘和保护装置的影响，主要取决于其幅值、波形和持续时间。操作过电压的波头陡度一般低于雷电过电压。

暂时过电压又分为工频过电压和谐振过电压。电力系统中由于出现串、并联谐振而产生的过电压称为谐振过电压。工频过电压的频率为工频或者接近工频。工频过电压在特高压系统中有重要影响，因为：

①它的大小直接影响操作过电压的幅值。

②它是决定避雷器额定电压的重要依据，进而影响系统的过电压保护水平。

③可能危及设备及系统的安全运行。

潜供电流不属于过电压，但它是单相重合闸过程中产生的一种需要重视的电磁暂态现象。在特高压系统中普遍采用单相自动重合闸消除单相瞬时性故障，当线路由于雷击闪电等原因发生单相瞬时接地，故障相线路两侧断路器分闸后，由于健全相与故障相的电容和互感耦合，弧道中仍然流过一定的感应电流，称为潜供电流（或称作二次电流）。潜供电流是影响单相重合闸成功率的重要因素。

1. 工频过电压及限制措施

特高压电网工频过电压主要考虑单相接地三相甩负荷和无接地三相甩负荷两种工频过电压。影响工频过电压的因素有如下几种：

①空载长线路的电容效应及系统阻抗的影响。对于长输电线路，当末端空载时，线路的输入阻抗为容性。当计及电源内阻抗（感性）的影响时，电容效应不仅使线路末端电压高于首端，而且使线路首、末端电压高于电源电动势，这就是空载长线路的工频过电压产生的原因之一。

②线路甩负荷效应。当输电线路重负荷运行时，由于某种原因线路末端断路器突然跳闸甩掉负荷，也是造成工频电压升高的原因之一，通常称为甩负荷效应。此时，电源容量越小，阻抗越大，可能出现的工频过电压越高；线路越长，线路充电的容性无功越大，工频过电压越高。

③线路单相接地故障的影响。不对称短路是输电线路最常见的故障模式，短路电流的零序分量会使健全相出现工频电压升高，常称为不对称效应。系统中不对称短路故障，以单相接地故障最为常见，当线路一端跳闸甩负荷后，由于故障仍然存在，可能进一步增加工频过电压。

④影响工频电压升高的另一个因素是甩负荷后发电机转速的增加及自动电压调节器（AVR）和调速器也会对工频过电压有所影响。甩负荷后，由于调速器和制动设备的惰性，不能立即起到应有的调速效果，导致发电机加速旋转，使电动势及其频率上升，从而使空载线路中的工频过电压更为严重；另一方面由于自动电压调节器（AVR）作用，也会影响工频过电压的作用时间和幅值。

限制工频过电压可考虑采取以下措施：

①使用高压并联电抗器补偿特高压线路充电电容。线路接入并联电抗器后，由于电抗器的感性无功功率部分地补偿了线路的容性无功功率，相当于减少了线路长度，降低了工频电压升高。从线路首端看，在通常采用的欠补偿情况下，线路首端输入阻抗仍为容性，

但数值增大，空载线路的电容电流减少，同样电源电抗的条件下，降低了线路首端的电压则升高。因此，并联电抗器的接入可以同时降低线路首端及末端的工频过电压。但也要注意，高抗的补偿度不能太高，以免给正常运行时的无功补偿和电压控制造成困难。在特高压电网的建设初期，一般可以考虑将高抗补偿度控制在 80%~90%，在电网比较强的地区或者比较短的特高压线路，补偿度可以适当降低。

②考虑使用可调节或可控高抗。重载长线路 80%~90%高抗补偿度，可能给正常运行时的无功补偿和电压控制造成相当大的问题，甚至影响到输送能力。解决此问题比较好的方法是使用可控或可调节高抗：在重载时运行低补偿度，这样由电源向线路输送的无功功率减少，使电源的电动势不至于太高，还有利于无功平衡和提高输送能力；当出现工频过电压时，快速控制到高补偿度。

③使用良导体地线（或光纤复合架空地线 OPGW）。使用良导体地线可降低系数有利于减少单相接地甩负荷过电压。

④使用线路两端联动跳闸或过电压继电保护。该方法可缩短高幅值无故障甩负荷过电压持续时间。

⑤使用金属氧化物避雷器限制短时高幅值工频过电压。随着金属氧化物避雷器（MOA）性能的提高，使得 MOA 限制短时高幅值工频过电压成为可能。

⑥选择合理的系统结构和运行方式，以降低工频过电压。过电压的高低和系统结构与运行方式密切相关，这在特高压线路建设和运行初期尤为重要，应高度重视。

2. 潜供电流及限制措施

（1）加装高压并联电抗器

在装有合适并联电抗器的线路，为了限制潜供电流及其恢复电压，利用加装高压并联电抗器中性点电抗（又称小电抗）的方法，减小潜供电流和恢复电压。

（2）使用快速接地开关（HSGS）

这种方法是在故障相线路两侧开关跳开后，首先快速合上故障线路两侧的快速接地开关，将接地点的潜供电流转移到电阻很小的两侧闭合的接地开关上，以促使接地点潜供电弧熄灭；然后打开快速接地开关，利用开关的灭弧能力将其电弧强迫熄灭；最后再重合故障相线路。

3. 操作过电压及限制措施

操作过电压是决定特高压输电系统绝缘水平的最重要依据。特高压输电系统主要考虑三种类型操作过电压，即合闸（包括单相重合闸）、分闸过电压和线路接地或短路引起的过电压。

相当一部分限制操作过电压措施是建立在限制工频过电压基础上，除了上述采用的限制工频过电压措施外，主要还考虑下列可能的措施。

（1）金属氧化物避雷器（MOA）

它是目前国际上限制操作过电压的主要手段之一。在现阶段特高压研究中，变电站和线路侧都采用额定电压为 828kV 的 MOA。

（2）断路器合闸电阻限制合闸过电压

合闸时，辅助触头先合上，经过一段时间（称之为合闸电阻接入时间），主触头合上，以此达到限制合闸过电压目的。

（3）使用控制断路器合闸相角方法降低合闸过电压

使合闸相角在电压过零点附近，以降低合闸操作过电压。

（4）使用断路器分闸电阻限制甩负荷分闸过电压的可行性

分闸时，主触头先打开，经过一段时间（称之为分闸电阻接入时间），辅助触头打开，以此达到限制分闸过电压目的。

4. 雷电过电压及保护

雷电放电会在导线或电气设备上形成过电压。雷电过电压分为直击雷过电压和感应雷过电压两类。雷电直击于电网（导线、设备等）时产生的过电压称直击雷过电压，直击雷过电压对任何电压等级的线路和设备都可能产生危险。雷击于大地或其他目的物附近的导线或电气设备上形成的过电压称感应雷过电压，感应雷过电压通常只对 35kV 及以下电压等级的线路和设备构成威胁。

对绝缘强度很高的特高压输电线路而言，雷电击中导线后，仍然很容易引起绝缘子的闪络。因此，为了防止雷直击导线，在我国 110kV 及以上架空输电线路几乎全部采用悬挂避雷线的措施。雷直击于电气设备时，如果电气设备无避雷器保护，则会出现极高的过电压，使电气设备绝缘损坏。因此，电气设备必须并联避雷器以限制直击雷过电压。

根据我国大量 110~500kV 变电站多年来的运行经验，如特高压变电站采用敞开式高压配电装置（AIS）、敞开式电气设备时，可直接在特高压变电站构架上安装避雷针或避雷线作为直击雷保护装置。

三、特高压交流输电系统绝缘配合

现代电网应具有安全、不间断运行的基本功能。衡量电网安全运行的可靠性指标包括故障次数和故障的停电时间。实践表明，全部的停电事件中电网电气装置（输电线路和变电站电气设备）的绝缘闪络或击穿为最主要的原因。因此，为了保证电网具有一个可以接受的可靠性指标，科学合理地选择电网电气装置的绝缘水平至关重要。

（一）绝缘的分类

1. 特高压架空输电线路绝缘的分类

特高压架空输电线路的主要绝缘介质是空气。导线与悬挂导线的杆塔之间则采用绝缘子，以此来实现导线与地之间的绝缘。因此，特高压架空输电线路绝缘可分为两类：一类是导线与杆塔或大地之间的空气间隙，而另一类则是绝缘子。前者又分为四种，它们是导线对杆塔之间的空气间隙、导线之间的空气间隙、档距中间导线对地的空气间隙、档距中间导线对地面上运输工具或传动机械间的空气间隙。

2. 特高压变电站绝缘的分类

与特高压架空输电线路绝缘一样，如果特高压变电站采用敞开式高压配电装置（AIS），那么，空气也是特高压变电站的主要绝缘介质。导线与悬挂导线的架构之间也采用绝缘子实现导线与地之间的绝缘。

如特高压变电站采用半封闭组合电器（HGIS）或全封闭组合电器（GIS），则其 GIS 部分有六氟化硫（SF_6）气体绝缘和内部合成绝缘子外，GIS 还要引入、引出套管等绝缘元件。

特高压变电站电气设备，诸如电力变压器、高压并联电抗器、电流互感器等设备的内绝缘主要是油纸绝缘，这类绝缘在过电压多次作用下，会因累积效应使绝缘性能下降。一旦绝缘被击穿或损坏，不能自动恢复原有的绝缘性能，故属非自恢复型绝缘。

（二）绝缘子

特高压输电工程对绝缘子提出了比现有绝缘子更多、更高的要求，如高机械强度、防污闪、提高过电压耐受能力和降低无线电干扰等。

作为特高压架空输电线路的绝缘子，由于其悬挂的相导线根数多、截面大，加之风力、覆冰等极为苛刻的运行条件，因此，必须有足够大的机械荷载能力，一般要有210kN、330kN 和 540kN。

绝缘子运行中需要承受工作电压和操作过电压的作用，而前者与绝缘子表面的爬电距离有关，后者则与绝缘子的结构高度有关。对于特高压输电线路，其操作过电压已被限制到较低水平。因此，在考虑设计特高压输电线路绝缘子时，应充分注意这一特点，以使绝缘子串在承受上述两种电气荷载的特性方面能有较好的配合。根据研究，绝缘子设计为比较适宜。

此外，特高压输电线路工作电压高，由于无线电干扰的要求，对于特高压绝缘子球头、钢脚及其间的距离和钢帽边缘的形状和加工的粗糙度等均应精心设计和处理。

（三）绝缘配合

1. 惯用法

用惯用法处理绝缘配合问题时，通常是使电气设备的绝缘水平（以其耐受电压来表征）与作用的最大过电压值之间保留一定裕度，以保证电气设备运行的安全。实质上，该裕度是用于补偿在估计最大过电压和确定最低耐受电压时的误差。目前对电气设备非自恢复型内绝缘采用惯用法进行绝缘配合。

2. 统计法

对于绝缘子或空气间隙（以下对它们统称为绝缘）这类自恢复型绝缘而言，其绝缘闪络电压是一个随机变量，而且作用于绝缘的过电压也是一个随机变量。当获知它们的信息之后，即可通过概率论理论应用统计法来进行绝缘配合设计。目前，在 330kV 及以上的特高压输电线路工程中，绝缘配合的统计法已被广泛的应用。

3. 半统计法

对于特高压变电站的空气间隙选择则一般采用半统计法。该方法的前提是对于操作/雷电过电压不再视为随机变量，而是采用变电站内安装的金属氧化物避雷器（MOA）的相应保护水平。但是对于空气间隙的放电电压则视为随机变量，且为安全起见，采用其 50%放电电压和 MOA 的保护水平低 3 倍的空气间隙放电电压的标准偏差作为绝缘配合。此种配合方法保证了空气间隙闪络放电概率仅为 0. 00135。

第三章 电力系统调度自动化与经济运行

第一节 电力系统调度自动化

一、调度的主要任务及结构体系

（一）电力系统调度的主要任务

电力系统调度的主要任务是控制整个电力系统的运行方式，使之无论在正常情况或事故情况下，都能符合安全、经济及高质量供电的要求。具体任务主要有以下几点：

1. 保证供电的质量优良

电力系统首先应该尽可能地满足用户的用电要求，使系统的频率与各母线的电压都保持在额定值附近，即保证了用户得到质量优良的电能。为保证用户得到优质电能，系统的运行方式应该合理，此外，还需要对系统的发电机组、线路及其他设备的检修计划做出合理的安排。在有水电厂的系统中，还应考虑枯水期与旺水期的差别，但这方面的任务接近于管理职能，它的工作周期较长，一般不算作调度自动化计算机的实时功能。

2. 保证系统运行的经济性

电力系统运行的经济性当然与电力系统的设计有很大关系，因为电厂厂址的选择与布局、燃料的种类与运输途径、输电线路的长度与电压等级等都是设计阶段的任务，而这些都是与系统运行的经济性有关的问题。对于一个已经投入运行的系统，其发、供电的经济性就取决于系统的调度方案。一般来说，大机组比小机组效率高，新机组比旧机组效率高，高压输电比低压输电经济。但调度时首先要考虑系统的全局，保证必要的安全水平，所以要合理安排备用容量的分布，确定主要机组的出力范围等。由于电力系统的负荷是经常变动的，发送的功率也必须随之变动。因此，电力系统的经济调度是一项实时性很强的工作，在使用了调度自动化系统以后，这项任务大部分已依靠计算机来完成了。

3. 保证较高的安全水平

电力系统发生事故既有外因，也有内因。外因是自然环境、雷雨、风暴、鸟栖等自然“灾害”；内因则是设备的内部隐患，与人员的操作运行水平欠佳有关。一般来说，完全由于误操作和过低的检修质量造成的事故也是有的，但事故多半是由外因引起，通过内部的薄弱环节而爆发。世界各国的运行经验证明，事故是难免的，但是一个系统承受事故冲击的能力却与调度水平密切相关。事故发生的时间、地点都是无法事先断言的，要衡量系统承受事故冲击的能力，无论在设计工作中，还是在运行调度中都是采用预想事故的方法。即对于一个正在运行的系统，必须根据规定预想几个事故，然后进行分析、计算，若事故后果严重，就应选择其他的运行方式，以减轻可能发生的后果，或使事故只对系统的局部范围产生影响，而系统的主要部分却可免遭破坏。这就提高了整个系统承受事故冲击的能力，亦即提高了系统的安全水平。由于系统的数据与信息的数量很大，负荷又经常变动，要对系统进行预想事故的实时分析，也只在计算机应用于调度工作后才有了实现的可能。

4. 保证提供强有力的事故处理措施

事故发生后，面对受到严重损伤或遭到破坏的电力系统，调度人员的任务是及时采取强有力的事故处理措施，调度整个系统，使对用户的供电能够尽快地恢复，把事故造成的损失减少到最小，把一些设备超限运行的危险性及早排除。对电力系统中只造成局部停电的小事故，或某些设备的过限运行，调度人员一般可以从容处理。大事故则往往造成频率下降、系统振荡甚至系统稳定性被破坏，系统被解列成几部分，造成大面积停电，此时要求调度人员必须采用强有力的措施使系统尽快恢复正常运行。

从目前情况来看，调度计算机还没有正式设计事故处理方面的功能，仍是自动按频率减负荷、自动重合闸、自动解列、自动制动、自动快关汽门、自动加大直流输电负载等，由当地直接控制、不由调度进行启动的一些“常规”自动装置，在事故处理方面发挥着强有力的作用。在恢复正常运行方面，目前还主要靠人工处理，计算机只能提供一些事故后的实时信息，加快恢复正常运行的过程。由此可见，实现电力系统调度自动化的任务仍是十分艰巨的。

（二）电力系统调度的分层体系

电力系统调度控制可分为集中调度控制和分层调度控制。集中调度控制就是电力系统内所有发电厂和变电站的信息都集中到一个中央调度控制中心，由中央调度中心统一来完成整个电力系统调度控制的任务。在电力工业发展的初期阶段，集中调度控制曾经发挥了它的重要作用。但是随着电力系统规模的不断扩大，集中调度控制暴露出了许多不足，如运行不经济、技术难度大以及可靠性不高等，这种调度机制已不能够满足现代电力系统的发展需要。

根据我国电力系统的实际情况和电力工业体制，电网调度指挥系统分为国家级总调度（简称国调）、大区级调度（简称网调）、省级调度（简称省调）、地区级调度（简称地调）和县级调度（简称县调）五级，形成了五级调度分工协调进行指挥控制的电力系统运行体制。

1. 国家级调度

国家级调度是通过计算机数据通信网与各大区电网控制中心相连，协调、确定大区电网间的联络线潮流和运行方式，监视、统计和分析全国电网运行情况。其主要任务包括：

（1）在线搜集各大区电网和有关省网的信息，监视大区电网的重要监测点工况及全国电网运行概况，并做统计分析和生产报表。

（2）进行大区互连系统的潮流、稳定、短路电流以及经济运行计算，通过计算机数据通信校核计算结果的正确性。

（3）处理有关信息，做中期、长期安全经济运行分析。

2. 大区级调度

大区级调度按照统一调度分级管理的原则，负责跨省大电网的超高压线路的安全运行并按规定的发用电计划及监控原则进行管理，提高电能质量和运行水平。

其具体任务包括：

（1）实现电网的数据搜集和监控、调度以及有实用效益的安全分析。

（2）进行负荷预测，制订开、停机计划和水火电经济调度的日分配计划，以闭环或开环的方式指导自动发电控制。

（3）省（市）间和有关大区电网的供受电量计划编制和分析。

（4）进行潮流、稳定、短路电流及离线或在线的经济运行分析计算，通过计算机数据通信校核各种分析计算的正确性并上报、下传。

（5）进行大区电网继电保护定值计算及其调整试验。

（6）大区电网中系统性事故的处理。

（7）大区电网系统性的检修计划安排。

（8）统计报表及其他业务。

3. 省级调度

省级调度按统一调度、分级管理的原则，负责省内电网的安全运行并按照规定的发电计划及监控原则进行管理，提高电能质量和运行水平。

其具体任务包括：

（1）实现电网的数据搜集和监控，经济调度以及有实用效益的安全分析。

（2）进行负荷预测，制订开、停机计划和水火电经济调度的日分配计划，以闭环或开环的方式指导自动发电控制。

（3）地区间和有关省网的供受电量计划的编制和分析。

（4）进行潮流、稳定、短路电流及离线或在线的经济运行分析计算，通过计算机数据通信校核各种分析计算的正确性并上报、下传。

4. 地区调度

其具体任务包括：

（1）实现所辖地区的安全监控。

（2）实施所辖有关站点（直接站点和集控站点）的开关远方操作，变压器分接头调节，电力电容器投切等。

（3）所辖地区的用电负荷管理及负荷控制。

5. 县级调度

县级调度主要监控 110kV 及以下农村电网的运行，其主要任务包括：

（1）指挥系统的运行和倒闸操作。

（2）充分发挥本系统的发供电设备能力，保证系统的安全运行和对用户连续供电。

（3）合理安排运行方式，在保证电能质量的前提下，使本系统在最佳方式下运行。

电力系统的分层（多级）调度虽然与行政隶属关系的结构相类似，但却是由电能生产过程的内部特点所决定的。一般来说，高压网络传送的功率大，影响着该系统的全局。如果高压网络发生了事故，有关的低压网络肯定会受到很大的影响，致使正常的供电受到影响；反过来则不一样，如果故障只发生在低压网络，高压网络则受影响较小，不致影响系统的全局。这就是分级调度较为合理的技术原因。从网络结构上看，低压网络，特别是城市供电网络，往往线路繁多，构图复杂，高压网络线路则反而少些。但是调度电力系统却总是对高压网络运行状态的分析与控制倍加注意，对其运行数据与信息的搜集与处理、运行方式的分析与监视等都做得十分严谨。

随着电网规模的不断扩大，当主干系统发生事故时，无论系统本身的状况、事故的后果以及预防事故的措施都会变得很复杂。如果对系统事故处理不当，其后期影响的范围将是非常广泛的。鉴于这种情况，必须从保证供电可靠性的观点来讨论目前系统调度的自动化问题。

为保证供电的可靠性，对全部系统设备采用一定的冗余设计，这虽然是一种有效的方法，但存在着经济方面的问题。因此，迄今为止，防止事故蔓延的主要方法仍是借助继电保护装置进行保护以及从系统调度自动化方面采取一些措施。其基本原则是为了防止事故蔓延，不单是依靠继电保护装置，而是平时就要对事故有相应的准备，一旦发生事故，则可尽快实现系统工作的恢复。

二、调度自动化系统的功能组成

（一）电力系统调度自动化系统的功能概述

从自动控制理论的角度看，电力系统属于复杂系统，又称大系统，而且是大面积分布的复杂系统。复杂系统的控制问题之一是要寻求对全系统的最优解，所以电力系统运行的经济性是指对全系统进行统一控制后的经济运行。此外，安全水平是电力系统调度的首要问题，对一些会使整个系统受到严重危害的局部故障，必须从调度方案的角度进行预防、处理，从而确定当时的运行方式。由此可见，电力系统是必须进行统一调度的。但是，现代电力系统的一个特点是分布十分辽阔，大者达千余公里，小的也有百多公里；对象多而分散，在其周围千余公里内，布满了发电厂与变电所，输电线路形成网络。要对这样复杂而辽阔的系统进行统一调度，就不能平等地对待它的每一个装置或对象。

测量读值与运行状态信号这类信息一般由下层往上层传送，而控制信息是由调度中心发出，控制所管辖范围内电厂、变电所内的设备。这类控制信息大都是全系统运行的安全水平与经济性所必需的。

由此可见，在电力系统调度自动化的控制系统中，调度中心计算机必须具有两个功能：其一是与所属电厂及省级调度等进行测量读值、状态信息及控制信号的远距离、高可靠性的双向交换；其二是本身应具有的协调功能。调度自动化的系统按其功能的不同，分为数据采集和监控系统以及能量管理系统。

国家调度的调度自动化系统为能量管理系统，其中的监控子系统完成对广阔地区所属的厂、网进行实时数据的采集、监视和控制功能，以形成调度中心对全系统运行状态的实时监控功能。同时，又向执行协调功能的子系统提供数据，形成数据库，必要时还可人工输入有关资料，以利于计算与分析，形成协调功能。协调后的控制信息，再经由监控系统发送至有关网、厂，形成对具体设备的协调控制。

（二）监控/能量管理系统的子系统划分

1. 支撑平台子系统

支撑平台是整个系统最重要的基础，有一个好的支撑平台，才能真正地实现全系统统一平台，数据共享。支撑平台子系统包括数据库管理、网络管理、图形管理、报表管理、系统运行管理等。

2. 监控子系统

具体包括数据采集、数据传输及处理、计算与控制、人机界面及告警处理等。

3. 高级应用软件子系统

包括网络建模、网络拓扑、状态估计、在线潮流、静态安全分析、无功优化、故障分析及短期负荷预报等一系列高级应用软件。

4. 调度员仿真培训系统

包括电网仿真，监控/能量管理系统仿真和教员控制机三部分。调度员仿真培训与实时监控/能量管理系统共处于一个局域网上。调度员仿真培训系统本身由 2 台工作站组成，一台充当电网仿真和教员机，另一台用来仿真监控/能量管理和兼作学员机。

三、调度自动化系统的性能指标

调度自动化系统必须保证其可靠性、实时性和准确性，才能保证调度中心及时了解电力系统的运行状态并做出正确的控制决策。

（一）可靠性

调度自动化系统的可靠性由运行系统的可靠性和计算机系统的可靠性来保证。它包括设备的可靠性和数据传输的可靠性。

系统或设备的可靠性是指系统或设备在一定时间内和一定条件下完成所要求功能的能力。通常以平均无故障工作时间来衡量。平均无故障工作时间指系统或设备在规定寿命期限内，在规定条件下，相邻失效之间的持续时间的平均值，也就是平均故障间隔时间。

可靠性也可以说明系统或设备的可靠程度。可靠性是指在任何给定时刻，一个系统或设备可以完成所要求功能的能力。

对调度自动化系统的各个组成部分进行运行统计时，还可以用远动装置、计算机设备月运行率，远动系统、计算机系统月运行率，调度自动化系统月平均运行率等技术指标。

（二）实时性

电力系统运行的变化过程十分短暂，所以调度中心对电力系统运行信息的实时性要求很高。

远动系统的实时性指标可以用传达时间来表示。远动传送时间是指从发送站的外围设备输入远动设备的时刻起，至信号从接收站的远动设备输出外围设备止所经历的时间。远动传送时间包括远动发送站的信号变换、编码等时延，传输通道的信号时延以及远动接收站的信号反变换、译码和校验等时延。它不包括外围设备，如中间继电器、信号灯和显示仪表等的响应时间。

平均传送时间是指远动系统的各种输入信号在各种情况下传输时间的平均值。如果输入信号在最不利的传送时刻送入远动传输设备，此时的传送时间为最长传送时间。

调度自动化系统的实时性可以用总传送时间、总响应时间来说明。

总传送时间是从发送站事件发生起到接收站显示为止事件信息经历的时间。总传送时间包括输入发送站的外围设备的时延和接收站的相应外围输出设备产生的时延。

总响应时间是从发送站的事件启动开始至收到接收站发送响应为止之间的时间间隔。比如遥测全系统扫描时间，开关量变位传送至主站的时间，遥测量越死区的传送时间、控制命令和遥调命令的响应时间，画面响应时间，画面刷新时间等，都是表征调度自动化系统实时性的指标。

（三）准确性

调度自动化系统中传送的各种量值要经过许多变换过程，比如遥测量需要经过变送器等。在这些变换过程中必然会产生误差。另外，数据在传输时由于噪声干扰也会引起误差，从而影响数据的准确性。数据的准确性可以用总准确度、正确率、合格率等进行衡量。遥测值的误差可以用总准确度来说明。总准确度是总误差对标称值的百分比，即偏差对满刻度的百分比。

第二节　电网调度自动化系统分层控制

一、变电站自动化

（一）变电站概述

变电站是电力系统中的一个重要组成部分，其实现综合自动化是电网调度自动化得以完善的重要方面。变电站综合自动化采用分布式系统结构、组网方式、分层控制，其基本功能是通过分布于各电气设备的远动终端对运行参数与设备状态的数字化采集处理、继电保护微机化、监控计算机与各远动终端和继电保护装置的通信，完成对变电站运行的综合控制，完成遥测和遥信数据的远传，实现控制中心对变电站电气设备的遥控及遥调，实现变电站的无人值守。对于传统的变电站无人值班的改造，则是考虑从经济的角度出发，在保留原有的基本设备的前提下，通过对控制回路、信号回路以及模拟远动装置数字化的改造，实现对变电站的遥测、遥信、遥控及遥调。

变电站自动化系统是利用多台微型计算机和大规模集成电路组成的自动化系统，它代替了常规的测量和监视仪表、常规控制屏、中央信号系统和远动屏，用计算机保护代替常规的继电保护，实现系统的网络化。变电站自动化系统，一方面实现了二次设备的智能化和计算机化提供强大的数据通信接口；另一方面则可以采集到比较全面的数据和信息，并且可方便地监视和控制变电站内的各种设备。

变电站自动化的内容应包括以下几个方面：①电气量的采集和电气设备（如断路器）的状态监视、控制和调节。②实现变电站正常运行的监视和操作，保证变电站正常运行和安全。③发生事故时，由继电保护和安全自动装置迅速切除故障设备和完成事故后的恢复操作，并由故障录波器完成瞬态电气量的采集和监视。

仅从变电站自动化的构成和所完成的功能来看，它将变电站的监视控制、继电保护、自动控制装置和远动等所完成的功能组合在一起，通过计算机硬件、模块化软件和数据通信网构成了一个完整的系统。现在从以下几个方面简单介绍其功能：

（二）监视控制的功能

变电站自动化取代了常规的测量系统，如变送器、录波器、指针式仪表等；改变了常规的操作机构，如操作盘、模拟盘、手动同期及手控无功补偿装置；取代了常规的告警、报警装置，如中央信号系统、光字盘等；取代了常规的电磁式和机械式防误闭锁装置等。

1. 实时数据的采集与处理

采集变电站电力运行的实时数据和设备运行状态，包括各种状态量、模拟量、脉冲量和保护信号。

2. 运行监视功能

所谓运行监视，主要是指变电站的运行工况和设备状态进行自动监视，即对变电站各种状态量变位情况的监视和模拟量的数值监视，通过状态量变位的监视，可监视变电站各种断路器、隔离开关、接地开关、变压器分接头的位置和动作情况，继电保护和自动装置的动作情况以及它们的动作顺序等。

3. 故障测距和录波功能

110kV 及以上的重要输电线路距离长，发生故障影响大，当输电线路出现故障时必须尽快查出故障点，以便缩短维修时间，尽快恢复供电，减小损失。设置故障录波和故障测距是解决此问题的最佳途径。故障测距和录波装置能自动采集和存储电力系统的故障信息、继电保护装置、开关等动作行为，并计算出电压电流的有效值，打印电压电流的波形、开关量动作顺序、发生故障时间及故障类型的信息。

4. 事故顺序记录与事故追忆功能

事故顺序记录就是对变电站内的继电保护、自动装置、断路器等在事故时动作的先后顺序自动记录。事故追忆是指对变电站内的一些主要模拟量，如线路、主变压器各侧的电流、有功功率、主要母线电压等在事故前后一段时间内做连续测量记录。

5. 控制与安全操作闭锁功能

变电站自动化系统一般提供控制与安全操作闭锁功能。所有的操作控制均能实现就地和远方控制，就地和远方切换相互闭锁，自动和手动相互闭锁，并通过软硬件实现“五防”功能。“五防”功能是指防止带负荷拉、合隔离开关，防止误入带电间隔，防止误分、合断路器，防止带电挂接地线，防止带地线合隔离开关。

6. 谐波的分析和监视功能

波形畸变、电压闪变和三相交流电力系统及供电系统中三相电压或电流的不平衡是影响电能质量的重要因素。随着电子技术的发展和广泛应用，电力系统中的谐波对电力设备、电力用户和通信线路等的有害影响已十分严重。因此，在变电站自动化系统中，要重视对谐波含量的分析和监视。

7. 其他功能

其他功能主要包括数据处理与记录功能、人机联系功能、打印功能及运行的技术管理功能等。这些功能是选配的，配置了当地监控功能的中、大型变电站需要具备这些功能。

（三）自动控制装置功能

自动控制装置是保证变电站甚至系统安全、可靠供电的重要装置。典型的变电站自动化系统配置的自动装置有无功和电压自动控制装置、低频减载装置、备用电源自投装置、小电流接地系统选线装置等。

1. 无功和电压自动控制

变电站无功和电压自动控制是利用有载调压变压器和无功补偿电容器及电抗器进行局部电压及无功补偿的自动调节，使负荷侧母线电压在规定范围内，并使主变高压侧的无功分布在一个合理范围。

2. 自动低频减载

电力系统运行规程规定：电力系统在正常运行情况下允许频率偏差为±0.2Hz；事故情况下，不能较长时间停留在47Hz以下；系统频率瞬时值不能低于45Hz，在系统发生故障、有功功率严重缺额、频率下降时，需要有计划、按次序切除负荷，并保证切除负荷量合适，这是低频减载的任务。

低频减载一般有两种实现方法：①采用专用的低频减载装置。该装置进行测频并按设置的轮次出口动作，出口继电器接到每条线路的开关上。②分散到每条线路的保护装置中。现有计算机保护一般是一条线路一套保护，在保护中加设测频环节，将低频减载的轮次整定值和延时设置到保护中即可。

3. 备用电源自投控制（简称备自投）

备自投装置是当工作电源故障和其他原因被断开后，能迅速自动地将备用电源或其他正常工作电源投入工作，使工作电源被断开的用户不至于停电的一种自动装置。常见的备自投装置有线路备自投、分段开关备自投、桥备用备自投、变压器备自投等。

4. 小电流接地系统选线

小电流接地系统中发生单相接地时并不会产生大的故障电流，给故障的定位和隔离造成很大困难，所以需要专门的设备来选出接地线路（或母线）及接地相，并予以报警。

（四）远动及数据通信功能

变电站自动化的通信功能包括系统内部的现场级通信和自动化系统与上级调度的通信两部分。

变电站自动化系统的现场级通信，主要解决自动化系统内部各子系统与上位机（监控主机）以及各子系统间的数据和信息交换问题，它们的通信范围是变电站内部。对于集中组屏的系统，实际是在主控制室内部；对于分散安装的自动化系统，其通信范围扩大至主控室与子系统的安装地（如开关柜）。

变电站自动化系统必须兼有RTU（远方数据终端，Remote Terminal Unit）的全部功能，应能将所采集的模拟量和状态量信息以及事件顺序记录等远传至调度中心，同时应能接收调度中心下达的各种操作、控制、修改定值等命令，即完成 RTU 的全部四遥功能（遥信、遥测、遥控和遥调）。

二、主站系统——SCADA 系统

调度自动化主站系统也称控制中心调度自动化系统，它是以计算机为中心的分布式、大规模的软、硬件系统，是调度自动化系统的神经中枢。其核心是软件系统，按应用层次可以划分为操作系统、应用支持平台和应用软件。

SCADA 系统（Supervisory Control And Data Acquisition，数据采集与监视控制）是调度自动化计算机应具有的最基本的功能，即数据采集和监控。

（一）SCADA 系统基本功能

1. 数据采集

SCADA 采集的数据源类型包括：厂站 RTU 传送的数据，如计算机保护整定值和故障录波信息；由上级或兄弟调度中心转发的数据；GPS 时钟。

可以采集的实时信息类型主要有：模拟量，包括有功功率、无功功率、电流、电压、变压器温度、系统频率等；数字量，包括断路器开合位置、主要开关开合信号、事故总信号、变压器抽头位置、计算机保护动作信号、通信载波机运行状态信号等；脉冲量，如脉冲电能量等；电量，智能电能表窗口值；保护定值；标准 GPS 时钟。

SCADA 采集数据的接入方式近年来有较大变化，主要表现在以下几个方面：

（1）远动通信技术

传统的远动通信主要采用串行通信，传输速率低，一般只能达到每秒几万比特，并且不稳定。随着变电站自动化技术的广泛采用，需要采集的数据呈数量级的增加，原来的通信模式已不能满足需要。目前已逐步采用光纤联网技术，传输速率可以达到每秒几十兆比特到上百兆比特。

（2）通道切换方式

厂站端的 RTU 一般采用两个通信通道与调度中心互联，可能是一组模拟通道和一组数字通道，也可能都是模拟通道或数字通道。SCADA 前置系统需要选择其中一个通道的数据，这就涉及通道切换的问题。传统的做法是在 Modem（调制解调器）池后面接一个通道切换柜，由前置机通过判断当前使用的通道的数据误码率的高低来决定是否切换通道。这种模式是采用智能化的 Modem 池，Modem 池由一系列的可编程 Modem 通道板构成。每一个 Modem 通道板可以接两路通道的信号，由 Modem 通道板自己判断两路信号的质量，决定采用哪路信号。前置机接收到的是质量较好的一路信号。

（3）数据接入方式

因为 Modem 池出来的是多路的串口信号，而计算机的串口个数是有限的。这种设备最大的问题是不能热插拔，扩展很不方便。

目前的 SCADA 已全部采用标准的网络设备——终端服务器。终端服务器有两种接口，即若干个串口和一个网络接口。通过串口接入多路串口信号，终端服务器可以把这些串口信号转换成网络信号。终端服务器通过网络接口挂接在前置采集网上，前置机可以把终端服务器上的串口映射成本机虚拟串口，并通过这些虚拟串口与终端服务器进行数据交换。

2. 数据预处理

由于前置机接收到的是经过 RTU 规约转换后的二进制代码，因此需要转换。前置机中的通信程序接收到这种代码后，根据采用的远动规约的种类，首先对代码进行误码分析，然后转换成有意义的工程量，并统计出误码率。

（1）信息显示和报警

将系统运行值和设备状态进行显示、供调度员监视用。当运行值越限或设备状态发生非预定变化时及时向调度员告警。报警方式有报警窗口显示（有最新报警行）、设备或数据闪烁、事故推画面、语音报警、随机打印等。可根据报警的类别设定不同的报警方式。

（2）统计和计算功能

SCADA 系统可以通过人机界面在线定义统计或计算公式。计算可以对某一点数据进行，也可以对一组或多组数据进行。SCADA 系统可实现代数运算、三角函数运算、逻辑运算、电力系统专用函数运算，同时还支持用户定义的函数运算，有用户公式语法校验功能。

（3）调度员遥控遥调操作

调度员利用计算机进行远方切换和远方调整。为了避免误操作，一方面，通过返信校验法检查命令是否正确；另一方面，在画面上开窗口或者在另一屏上显示操作提示信息，按此提示信息一步一步地操作，每步操作结果都在画面上用闪光、变色、变形等给出反映，不符合操作顺序或操作有错则拒绝执行。

（4）事故追忆和事故顺序记录

事故追忆和事故顺序记录主要用于记录系统发生异常情况和事故发生的顺序。

事故追忆保留事故前和事故后若干数据采集周期的部分重要实时数据，如频率、中枢点电压、主干线潮流等。事故顺序记录对事故时各种开关、继电保护、自动装置的状态变化信号按时间顺序排队，并进行记录。主站记录的顺序事故的分辨率应不大于 5ms。

（5）网络拓扑动态着色

提供完善的网络拓扑分析功能，可处理任意接线方式的厂站，根据电力系统中开关的开/合状态来确定电气连通关系，确定拓扑岛。能以不同的颜色直观地显示出电力系统各个设备的电气状态，如带电/不带电、电气上是否连通、不同的拓扑岛可用不同的颜色等。

（6）历史数据处理

历史记录数据包括采集数据或人工置数、电网数据或自动化系统数据、计划数据或运算数据。记录的点类型主要有测量数据、状态数据、累计数据、数字数据、报警数据、时间顺序记录数据、继电保护数据、安全装置数据、事故追忆记录和故障录波数据。

（7）调度控制系统的状态监视和控制

调度控制系统包括厂站端 RTU、主站主控端计算机系统和运行的主备机及各外设等。

（二）EMS 应用软件基本功能

随着电力系统的发展，人们对其管理水平和管理手段都提出了越来越高的要求。EMS（Energy Management System，能量管理系统）应用软件 PAS（Power Advance Software）已经是地区及以上各级调度中心的必备功能。PAS 是建立在 SCADA 采集的全局电网状态上的高级应用。PAS 的运行必须基于两个方面的数据和模型：SCADA 采集的电网实时状态，包括开关的开合状态和主要电气设备的有功、无功和电压幅值。下面主要介绍主要功能模块的基本情况：

1. 网络拓扑分析和动态着色

网络拓扑分析功能是 PAS 其他应用功能的基础，被系统中所有模块调用。该模块根据电力系统中开关的开/合状态来确定电气连通关系，确定拓扑岛。

动态着色是根据电网拓扑监视出的设备状态信息，以不同的颜色直观地显示出电力系统各个设备的电气状态，如带电/不带电、环路/辐射支路、解列岛等。

2. 实时状态估计

状态估计是利用量测系统采集的信息估算电力系统的实时运行状态，给出电网中各母线的电压和相角、各线路和变压器的潮流、各母线的负荷和各发电厂的发电机出力。

3. 超短期负荷预测

母线负荷预测是指超短期母线负荷预测（预测一天内的负荷），一方面要预测出全系统的总负荷，又要把全系统各母线负荷预测出来。不可观测区的母线负荷作为实时量测信息的补充可以用于扩大可观测区，或作为外部系统等值的基础数据。

4. 短期负荷预测

短期负荷预测就是利用数学的方法，根据历史的负荷数据、天气历史数据和预报数据，预测未来一天到一周中每天的负荷曲线。它是调度指定发电计划或交易计划的重要依据。

5. 在线潮流和静态安全评定

在线潮流也称调度员潮流，就是利用实时的断面数据，用户可以通过该模块实现电网调度所有操作对系统潮流分布改变的模拟。

要对拟定详细研究的系统进行潮流计算和安全分析，一方面要有内部系统的准确的实时潮流；另外，还应有有关外部系统的足够多的信息。外部系统的运行状态有时是无法知道的，通常采用静态等值的方法来模拟。等值网络对内部系统发生的扰动的响应应和原来未等值的真实网络的响应相同。

6. 自动故障选择

系统中的预想事故为数众多，但并非所有事故都会对系统产生严重影响，而对所有可能的预想事故逐一进行安全分析计算难以满足在线应用的要求。自动故障选择是根据当前系统的运行状况自动给出哪些事故是重要的，哪些事故是不重要的，以及它们之间相对重要性的信息。在画面上，能清楚地看到不同事故对系统影响的相对严重程度，使调度员把注意力更多地集中到那些可能发生的重要的故障上。

7. 校正对策分析（安全约束调度）

校正对策分析软件可告诉用户，当系统故障造成元件运行越限时，或在基态就已存在越限时，应当采取什么措施（调哪些机组出力或变压器分接头）来缓解以至完全消除故障对系统造成的影响。

8. 灵敏度分析

在潮流研究中，有时我们不但要求进行潮流解，而且要分析某些变量发生变化时，会引起其他变量发生多大的变化，这时就需要进行潮流灵敏度分析。灵敏度分析在电网控制中有着广泛的应用，例如如何有效地控制母线电压、解除支路过载、降低网损等，都需要灵敏度分析工具。

9. 最优潮流

最优潮流是指系统的结构参数和负荷情况都已给定的前提下，调节可以利用的控制变量（如发电机输出功率、可调节分接头挡位、电容/电抗器投切）来找到满足所有系统运行约束条件的，并使某一方面的指标（如发电成本或往来损耗）达到最优值下的潮流分布。

10. 在线故障计算与继电保护定值校核

电力系统发生故障是在所难免的。故障以后电力系统中元件上的电流、电压的变化受到故障类型、故障地点、网络结构以及实时潮流等诸多因素的影响，而且可能出现多重故障，因此必须经过计算才能得到。

继电保护定值是根据某些原则整定的。对于某种特定的运行工况，各保护定值之间是否配合、是否满足系统运行的要求，必须经过在线校核才能确定。

11. 静态电压稳定分析功能

随着系统负荷的增加或者受系统中出现的不正常事件的影响，有时系统会出现电压稳定问题。因此，电网运行调度人员应该时刻监视系统的电压稳定情况，了解系统电压稳定的薄弱点，及时采取预防控制措施提高系统整体电压稳定水平，防止电压崩溃事故的发生。

12. 在线动态安全评定功能

电力系统在故障扰动情况下的动态表现是调度或运行人员十分关心的问题。在某种故障时继电保护及自动装置动作后，系统是否会失去稳定，即使不会失去稳定，这种故障情况下系统的稳定裕度怎样，采取何种措施才能提高系统的稳定裕度，这些都是 EMS 要解决的问题。由于系统稳定性与系统运行方式密切相关，而系统接线情况和运行方式以及系统的负荷都是变化的，对于某种特定的运行方式进行的稳定分析不能满足需要，而利用实时数据对当前系统进行稳定分析有重要的实用价值。这些稳定分析可以包括静态稳定性、动态稳定性和暂态稳定性评估。

三、配电网管理系统

配电网管理系统是一种对变电、配电到用电过程进行监视、控制、管理的综合自动化系统，包括配电自动化、地理信息系统、配电网络重构、配电信息管理系统、需方管理等部分。

配电自动化是配电管理系统中最主要的部分，包括变配电站的综合自动化和馈线自动化，其中的数据采集监控系统通过安装在变电站、开闭所的远方终端、安装在线路分段开关的馈线终端、安装在配电变压器的数据终端采集配电网的运行数据和故障数据，通过数据的交换与处理，由通信通道传至控制中心，DSCADA 对搜集的数据进行综合分析，对当前配电网的运行状态进行判断，相应地发出维护配电网安全运行的控制操作。

地理信息系统或生产管理系统是一种人机交互系统，通过基于地理信息的配电网运行状态的拓扑网络着色显示，为调度人员提供实时、直观的运行信息内容。同时，还能实现配电网的电气设备的管理、寻找和排除设备故障、统计与维修计划等服务。

配电网重构、电压/无功优化等计算机软件通过分析与计算为调度人员提供配电网运行控制建议，使供电的可靠性、安全性、经济性得以提高，使配电网运行结构优化，降低网损，改善电压质量等。

配电信息管理系统不同于人们日常所称的部门、人员信息管理系统，配电信息管理系统的管理对象为配电网运行数据的历年数据库、用户设备及负荷变动，进行业扩、供电方式与路径、统计分析等数据显示与建议。

需方管理提供电力供需双方对用电市场进行共同管理的手段，内容包括供电合同下的负荷监控、削峰和降压减载、远方抄表、用户自发电管理等，以达到提高供电质量与可靠性，减少能源消耗及供需双方的供用电费用支出的目的。

第三节　电力系统调度自动化攻略

一、自动发电控制

自动发电控制功能是以功能为基础而实现的功能。对于独立运行的省网或大区统一电网，功能的目标是自动控制网内各发电机组的出力，以保持电网频率为额定值。对跨省的互联电网，各控制区域（相当于省网）的功能目标是既要求承担互联电网的部分调频任务，以共同保持电网频率为额定值，又要保持其联络线交换功率为规定值，即采用联络线偏移控制的方式。

联合电力系统可以采用全系统统一调频的方案，也可以采用各子系统分别调频的方案。前者需要的信息量大，实现起来十分困难。后者认为各区域系统有功率各自平衡。在一段时间内，联络线交换功率保持不变，子系统内负荷的变化由本系统内发电机出力的变化来平衡。这种方式只需要本子系统内的信息和联络线功率信息，不需要别的子系统内的信息，容易实现。

（一）联合电力系统的自动调频特性分析

联络电力系统中，尽管子系统只对本系统的频率变化进行调整，但实际系统是互联的，频率同步变化，全系统为同一频率。

在自己的分区里，只要监视系统频率的变化和交换功率的变化，就可实现分区调频的目的。因此，互联电力系统中控制基本原则是在保证系统频率质量的前提下，执行区域间的功率交换计划，每个区域负责处理本区域所发生的负荷扰动，并在紧急情况下给相邻区域以临时性的功率支持。

（二）互联电力系统的控制区域和区域控制偏差

1. 电力系统的控制区

控制区是指通过联络线与外部相连的电力系统。在控制区之间联络线的公共边界点上均安装了计量表计，用来测量并控制各区之间的功率及电量交换。计量表计采用不同的符号分送两侧，以有功功率送出为正，送进为负。

电力系统的控制区可以通过控制区内发电机组的有功功率和无功功率来维持与其他控制区联络线的交换计划，并且维持系统的频率及电压在给定的范围之内，维持系统一定的安全裕度。

2. 区域控制偏差

电力系统的控制区是以区域的负荷与发电来进行平衡的。对一个孤立的控制区，当其发电能力小于其负荷需求时，系统的频率就会下降；反之，系统的频率就会上升。

区域控制偏差是根据电力系统当前的负荷、发电功率和频率等因素形成的偏差值，它反映了区域内的发电与负荷的平衡情况，由联络线交换功率与计划的偏差和系统频率域目标频率偏差两部分组成。

（三）互联电力系统多区域控制策略的应用与配合

互联电力系统进行负荷频率控制的基本原则是在给定的联络线交换功率条件下，各个控制区域负责处理本区域发生的负荷扰动。只有在紧急情况下，才给予相邻系统以临时性的事故支援，并在控制过程中得到最佳的动态性能。

互联电力系统的负荷频率控制是通过调节各控制区内发电机组的有功功率来保持区域控制偏差在规定的范围之内的。

（四）多区域的优化控制

电力系统的容量不断增加，互联规模不断扩大，管理层次增多，特别是电力工业体制改革和电力市场的发展对 AGC（Automatic Generation Control）控制策略提出了新的课题。在新的工业结构下，从全面实现电力系统安全、优质、经济运行的目标出发，各国电力系统对 AGC 控制策略进行了大量的探索，创造了一些新的控制模式。

1. 分层的 AGC 控制模式

在一个独立的交流互联电力系统中，由一个控制中心负责整个电力系统频率控制的协调。但系统内的发电机组由数个分控制中心控制，各分控制中心所控制的区域之间联络线的潮流是允许自由流动的（无联络线交换计划）。在这种情况下，AGC 方式应是分层的定频率（FFC）控制，即由控制中心根据电力系统频率的变化，采用分层的频率控制方法，向各分层控制中心发出调节发电输出功率的指令，而由分控制中心执行对发电机组的控制。分层频率控制的具体方法有通过法和等值机法。

（1）通过法

控制中心在其 EMS 中计算所有参与 AGC 调节的发电机组的控制指令，并将分控制中心控制的发电机组指令发送给各分控制中心，然后由分控制中心将指令发送给发电机组。

（2）等值机法

控制中心将每个分控制中心控制的参与 AGC 调节的发电机组容量作为一台等值发电机组看待，将其计算出的对等值机组的控制指令发送给分控制中心，然后由分控制中心计算 AGC，进行再分配，并将控制指令发送给由其控制的发电机组。

2. 互联电力系统的 AGC 优化控制方式

在多控制区的互联电力系统中，应当开展 AGC 调节资源的交易，促进资源优化配置。当某控制区的 AGC 可控资源不足或使用不经济时，可以向同一互联电网内的其他控制区购买 AGC 调节资源，从而构成互联的 AGC 控制系统。互联的 AGC 控制方式需要使用动态转移技术，主要控制方法有对跨控制区的发电机组的控制和对互联控制区的控制两种。

（1）动态转移技术

为了将与发电或负荷有关的一部分或全部的电能服务从一个控制区转移到另一个控制区，需要使用动态转移技术。动态转移技术用电子的方式提供所需的实时监视、遥测、计算机硬件和软件、通信、工程、电能统计和管理等服务。动态转移有伪联络线和动态计划两种形式。

伪联络线是一个实时更新的远方读数，它在 AGC 的 ACE（Area Control Error，区域控制误差）计算公式中被用作联络线潮流，但实际上并不存在物理的联络线和电能计量值。它的积分值可以用于交换的电能统计。

动态计划是一个实时更新的远方读数，它在 AGC 的 ACE 计算公式中被用作交换计划。它的积分值可以用于交换的计划电能统计。

（2）跨控制区的发电机组的控制

向跨控制区的发电机组购买 AGC 调节资源服务，获得资源的控制区对该发电机组的 AGC 可以用以下方式实现：

①如果获得资源的控制区与该发电机组所在电厂之间存在直接的通信信道，并且 EMS 具备与该电厂 RTU 进行通信的条件，可以直接采集有关信息，直接进行自动发电控制。

②由该发电机组所在的控制区向获得资源的控制区转发 AGC 所需发电机组的有关信息，并将获得资源的控制区发出的 AGC 的控制信号转发给该发电机组。

应当指出，无论以哪种方式进行跨控制区的发电机组自动发电控制，均应通过动态转移技术把出售 AGC 资源的发电机组的发电出力转移给获得资源的控制区，这样，该发电机组出力的变化就能影响获得资源的控制区的 ACE。

（3）对互联控制区的控制

如果向互联电力系统控制区购买的 AGC 调节资源并不明确是由哪些发电机组提供的，对这部分资源的 AGC 控制可以通过以下两种方式实现：

一是等值机法。该方法与分层的 AGC 控制中所述的等值机法相同，获得资源的控制区控制中心将互联控制区提供的 AGC 资源作为一台等值发电机组看待，并将 AGC 中计算出的对等值机组的控制指令发送给提供 AGC 资源的控制区控制中心。这两个控制区通过动态转移技术，即在获得资源控制区的常规 ACE 计算式中加上该控制指令代表的功率，在提供资源的控制区的常规 ACE 计算式中减去该控制指令代表的功率，使获得资源的控制区把对这部分资源引起的 ACE 的调节责任转移给提供资源的控制区。

二是协定补充调节服务法。当一个控制区承担另一控制区的部分或全部调节责任，但又没有改变其联络线交换计划时，两个控制区都应采用统一的方法——动态计划法。在协定补充调节服务法与等值机法的区别在于：在“等值机法”中，提供资源的控制区控制中心从获得资源的控制区控制中心得到的是 AGC 指令，该指令中已考虑所提供的 AGC 资源的可调范围和调节速率，而在协定补充调节服务法中，提供资源的控制区控制中心得到的只是获得资源的控制区的部分或全部 ACE 值，并未考虑所提供的 AGC 资源的可调范围和调节速率。

二、电力系统状态估计

电力系统状态估计就是根据电网模型，结合电网设备的运行和停运实况，基于 SCADA 系统采集的实时量测，剔除其中的不良数据，对母线电压幅值和相角进行最优估算，并且由此计算流经线路或变压器的有功和无功值，对电力系统的准稳态现状形成完整的了解。

根据有冗余的测量值对实际网络的状态进行估计，得出电力系统状态的准确信息，并产生“可靠的数据集”。其主要功能有：网络接线分析，又称网络拓扑；调度员潮流计算，包括三相潮流；状态估计，包括三相状态估计；负荷预报，包括系统负荷预报和母线负荷预报；短路电流计算；电压/无功优化等。

状态估计的步骤分别如下：

①假设数学模型、系统结构、参数、量测系统配置（位置和类型），假定无结构错误、无参数误差、无不良数据。

②可观测性分析，根据目前的网络模型和量测配置情况，确定可以进行状态估计的部分网络。

③前置滤波是用简单的方法除去明显大的不良数据。它利用节点功率平衡，超过正常误差极限、开关信息和潮流的一致性、两次采样突变等方法，查出明显大的量测错误。

④状态向量的估计计算。

⑤检测不良数据。

⑥辨识、找出不良数据，删除并修正之。返回重新进行估计直到没有不良数据为止。

第四节 电力系统经济运行

一、发电成本计算

（一）年限平均法

众所周知，发电成本（COE）是由以下三项内容组成的：即电厂总投资的折旧成本（COD）；燃料成本（COF）；运行维护成本（COM）。根据年限平均法的定义可知，单位有效发电量的发电成本为：

$$\mathrm{COE}_1=\frac{\mathrm{TCR+TCF+TCM}}{nE_e}=\frac{\mathrm{TCR+TCF+TCM}}{P\times\tau\times(1-\eta_e)\times(1-s)\times n}\ [\text{元/（MW·h）}]$$

式中：TCR——电厂总投资费用的现值，其中包括建设期内的贷款利息和价差预备费（元）；

n——电厂的经济使用寿命，也就是电厂的折旧年限。

TCF——n年内各个时点上年燃料消耗费用折现到建厂初始时点的现值之总和；

TCM——n 年内各个时点上年运行维护费用折现到建厂初始时点的现值之总和；

E_e ——有效发电量，即电厂的年售电量，(MW·h)，而 $E_e = P \times S \times (I - Ge) \times (I - s)$；

式中，P 为电厂的装机容量（MW）；t 为发电设备的年利用小时数（h）；η_e 为厂用电耗率（%）；s 为发电机终端到售电结算点之间的线损率，一般取 $s = 3\% \sim 7\%$。倘若售电结算点以电厂围墙为界，则 $s = 0$。

显然，年限平均法是把 n 年内折现到建厂初始时点的所有费用现值的总和平均地分摊到 n 个折旧年限中去，因而此法又称为直线折旧法。目前，我国企业在做技术经济评价时习惯于采用年限平均法来计算成本，特别是用以提取总投资资金的折旧费。

（二）等额支付折算法

在这个方法中着重强调在计算发电成本时必须考虑资金的时间价值问题，也就是说，在不同的时间付出或得到同样数额的资金在价值上是不等的，即资金的价值会随时间发生变化。而资金时间价值的计算则可以用银行的复利计算方法来表示。例如，在建电厂时，电厂总投资费用的现值为 TCR（元）。经过 n 年限后，这笔总投资费用将增值变为 TCR $(1+i)^n$。式中 i 就是贴现率。那么，在折旧年限 n 年内，折旧回收的资金终值应该等于 TCR $(1+i)^n$。从这个观点出发来研究，在 n 年内每年应该提取的折旧成本。假定每年的折旧费都在年末支付，而且每年提取的折旧费用的现值 A 都是相等的（这就是所谓的“等额支付”原则），那么，在 n 年末总共提取的折旧费用的终值之总和为

$$\text{TCR}(1+i)^n = A(1+i)^{n-1} + A(1+i)^{n-2} + \cdots + A(1+i) + A(n)$$

计算发电成本的关系式为

$$\text{COE}_2 = \frac{1}{E_e}\left\{\text{TCR} + \sum_{n=1}^{n}\left[\frac{\text{CF}(n)}{(1+i)^n}\right] + \sum_{n=1}^{n}\left[\frac{\text{CM}(n)}{(1+i)^n}\right] \times \psi\right\}$$

式中：CF（n）——在 n 年内各个时点上电厂的年燃料费用（元）；

CM（n）——在 n 年内各个时点上电厂投运的年运行维护费用（元）；

ψ ——等额支付系列的资金回收系数，$\psi = \dfrac{i}{1-(1+i)^n}$。

二、发电厂有功功率负荷的经济分配

好电力系统中有功功率的分配有两个主要内容，即有功功率电源的最优组合和有功功率负荷的最优分配。

有功功率电源的最优组合是指系统中发电设备或发电厂的合理组合，也就是通常所说的合理开停。

有功功率负荷的最优分配是指系统的有功功率负荷在各个正在运行的发电设备或发电厂之间的合理分配。最常用的是按等耗量微增率准则分配。

（一）耗量特性

反映发电设备（或其组合）单位时间内能量输入和输出关系的曲线，叫作该设备（或组合）的耗量特性。锅炉输入的是燃料，输出的是蒸汽；汽轮机组输入的是蒸汽，输出的是电功率。整个火电厂的耗量特性为抛物线图，其横坐标为电功率，纵坐标为燃料。

耗量特性曲线上某点的纵坐标和横坐标之比，即输入与输出之比称为比耗量 $\mu = F/P$，其倒数 $\eta = P/F$，表示发电厂的效率。耗量特性曲线上某点切线的斜率称为该点的耗量微增率 $\gamma = dF/dP$，它表示在该点运行时输入增量对输出增量之比。

（二）等微增率准则

讨论有功功率负荷最优分配的目的在于：在供应同样大小负荷有功功率 $\sum_{i=1}^{n} P_{Li}$ 的前提下，单位时间内的能源消耗最少。这里的目标函数就应该是总耗量，即：

$$F_{\Sigma} = F_1(P_{G1}) + F_2(P_{G2}) + \cdots + F_n(P_{Gn}) = \sum_{i=1}^{n} F_i P_{Gi}$$

式中： $F_i(P_{Gi})$ ——某发电设备发出有功功率 P_{Gi} 时单位时间内所需消耗的能源。

这里的等式约束条件也就是有功功率必须保持平衡的条件，即：

$$\sum_{i=1}^{n} P_{Gi} - \sum_{i=1}^{n} P_{L} - \Delta P_{z} = 0$$

式中： ΔP_{Σ} ——网络总损耗。

从而不计网络损耗时，式 $\sum_{i=1}^{n} P_{Gi} - \sum_{i=1}^{n} P_{L} - \Delta P_{z} = 0$ 可改写为：

$$\sum_{i=1}^{n} P_{Gi} - \sum_{i=1}^{n} P_{Li} = 0$$

三、电力系统的经济运行

电力系统经济运行的基本要求是，在保证整个系统安全可靠和电能质量符合标准的前提下，努力提高电能生产和输送的效率，尽量降低供电的燃烧消耗或供电成本。

电力网的电能损耗不仅耗费一定的动力资源，而且占用一部分发电设备容量。因此，降低网损是电力企业提高经济效益的一项重要任务。为了降低电力网的能力损耗，可以采取各种技术措施。

（一）提高用户的功率因数减小功率损耗

在一条电阻为 R 的输电线上，输送相同有功功率 P，对应于不同的功率因数，产生的有功功率值不同。若功率因数由 $\cos\alpha_1$ 提高到 $\cos\alpha_2$，则线路有功功率损耗下降率为

$$\Delta P_{L}\% = \left[1 - \left(\frac{\cos\alpha_1}{\cos\alpha_2}\right)^2\right] \times 100\%$$

例如，当功率因数由 0.7 提高到 0.9 时，线路中功率损耗可减少 39.5%。提高用户的功率因数，首先应该提高负荷的自然功率因数，其次是增设无功功率补偿装置。

1. 提高负荷的自然功率因数

负荷的自然功率因数是指未设置任何无功补偿设备时负荷自身的功率因数。

在电力系统负荷中，异步电动机占相当大的比重，是系统中主要需要的无功功率的负荷。它所需无功功率可表示为

$$Q = Q_0 + (Q_N - Q_0)\left(\frac{P}{P_N}\right)^2 = Q_0 + (Q_N - Q_0)\beta^2$$

式中：　P_N ——异步电动机额定有功功率；

Q_0 ——励磁无功功率；

Q_N ——异步电机额定负荷（P_N）运行时异步电动机所需的无功功率；

P ——电动机的机械负荷；

β ——电动机的受载系数。

由上式可见，异步电动机励磁无功功率 Q_0 与受载系数无关，而式中第二项则与受载系数的平方成正比。在额定无功功率 Q_N 中，Q_0 占 60%~70%，第二项无功功率只占少部分。因此，随着受载系数的降低，异步电动机的功率因数相应降低。若以 $Q_0 = 0.7Q_N$ 计算，则 β 由 1 下降为 0.5 时，$\cos\alpha$ 由 0.7 下降为 0.54。

根据上面的分析，欲提高负荷的功率因数，首先在选择异步电动机容量时应尽量接近它所带的机械负荷，避免“大马拉小车”的现象，即电动机长期处于轻负荷下运行，更应避免电动机空载运转。另外，在可能的条件下，大容量的用户尽量使用同步电动机，并使其过励运行，向系统发出无功功率，从而提高负荷的功率因数；如果能对绕线式异步电动机转子绕组通以直流励磁，就可改作同步机运行。此外，变压器也是电力网中消耗无功功率较多的设备，应合理地配置其容量。这些皆为提高负荷自然功率因数的技术措施。

2. 增设无功功率补偿装置

设置无功功率补偿装置，即在变电站低压（6～10kV 或以下电压）母线上并联调相机或电容器，补偿负荷所需的部分或全部无功功率，以提高设置点用户的功率因数，从而减少网络中输送的无功功率以降低网损。

电力系统的无功功率补偿问题，前文中已从无功平衡、电压调整和经济运行三个不同的角度进行了讨论。一般而言，这三个方面的要求不会相互矛盾，为满足无功平衡而设置的补偿容量，必有助于提高电压水平；为减少网络电压损耗而增添的无功补偿，也必然会降低网损。

（二）改变电力网的运行方式（环网的经济功率分布）

在环形网络或两端电压相等的两端供电网络中，功率的分布取决于各线段的阻抗。当环网内功率按各段电阻分布时，电网内有功功率损耗最小。这样的功率分布，称为经济功率分布。容易证明，对于纯电阻网络或各线段的 X/R 值相等的均一网络，功率的自然分布即为有功损耗最小的经济分布；对于非均一网络，各线段不均一性越大，则功率损耗增加也越大。

但是，可以采取以下措施，将非均一网络自然功率分布变为经济分布，以减少电网功率损耗。采用这些措施的前提是，必须对实际的经济效果以及运行中可能产生的技术问题进行全面论证。

（1）在环形网络中，装设混合型加压调压变压器（也称纵横调压变压器），产生附加电动势及相应的循环功率。适当调节附加电动势的大小和相位，可使功率分布接近于经济分布。

（2）在两端供电网络中，调整两端电源电压，改变循环功率的大小，可使功率分布等于或接近于功率损耗最小的分布。

（3）在网络中对 X/R（平均值/极差）值特别大的线段进行串联电容器补偿，以改善网络的不均一性。

（4）当以限制短路电流或满足继电保护动作选择性要求为目的而选择环网开环运行点时，开环地点应尽可能兼顾到使开环后的功率分布产生的功率损耗最小。

（三）适当提高高压电力网的运行电压水平

电力网运行时，线路和变压器等电气设备的绝缘所容许的最高工作电压一般不超过额定电压的 10%。在不超过上述规定的条件下，应尽量提高电网运行电压水平，以降低功率损耗和电能损耗。

变压器在额定电压附近时，其铁芯损耗大致与电压平方成正比。如果提高电力网的运行电压，最好相应地改变变压器的分接头。因为当加在变压器的电压高于变压器分接头的额定电压时，虽然变压器绕组中的铜损减小了，但由于电压的增加，使得变压器磁通密度增加，铁损也相应地增加了，这就降低了节约的效果。通常来说，对于变压器的铁损在网络总损耗中所占比重小于50%的电力网，适当提高电力网的运行电压可以降低网损。电压在35kV及以上的电力网基本上属于这种情况。对于变压器铁损所占比重大于50%的电力网，情况正好相反，此时宜适当降低运行电压。

（四）变压器的经济运行

变压器的经济运行主要是指合理选择变压器容量、合理选择变压器的台数等。为了提高供电的可靠性，变电站通常安装两台同容量的变压器，当然对于一些枢纽变电站也有安装多台不同容量的变压器的。在装有两台或以上变压器的变电站中，根据负荷的变化适当改变投入运行变压器的台数，可以减少功率损耗。

（五）调整用户的负荷曲线

在某一时段内，用户的用电量给定的情况下，调整负荷曲线，减小高峰负荷与低谷负荷的差值，可降低电能损耗。用户的负荷曲线越平稳，网络中电能损耗越小。

（六）合理安排检修

对网络设备进行检修，往往改变了并联运行的方式及网络中的功率分布，从而使检修期间功率损耗和电能损耗增大。因此，要合理安排检修计划，尽可能降低检修期间的网络损耗。例如，配合工业用户的设备检修或利用节假日进行输配电设备的检修，缩短检修时间，以及采用带电作业等。

（七）对原有电网进行技术改造

（1）旧电网升压改造。将3~6kV电网升压改造为10kV电网；10kV电网改造为35kV电网；35kV电网改造为110kV电网等。

（2）在改建旧电网时，将110kV或220kV的高电压直接引入负荷中心，简化网络结构，加强主干网架，减少变电层次，使输电网结构合理，运行灵活。这不仅能大量降低网损，而且是适应电力市场竞争需要、扩大供电能力、提高供电可靠性和改善电能质量的有效措施。

(3) 对于某些负荷特别重、最大负荷利用小时数又较高的线路，应按经济电流密度校验其截面积。如果导线截面积过小，应考虑予以更换，以降低电能损耗。

第四章　配电网与变电站自动化

第一节　配电网自动化

一、配电网自动化简介

（一）概述

配电网自动化系统 DAS（Distribution Automation System）是应用现代电子技术、通信技术、计算机及网络技术，将配电网实时信息、离线信息、用户信息、电网结构参数、地理信息进行安全集成，构成完整的自动化管理系统，实现配电网正常运行及事故情况下的监测、保护、控制和配电管理。它是配电自动化与配电管理集成为一体的系统，这样才能改进供电质量，与用户建立更密切更负责的关系，提高供电的经济性，使企业管理更为有效。在我国，一般把配电网特指为直接面向最终用户的 0.4～10kV 的配电网中低压电网。是指 0.4～36kV，一般把 6～36kV 的网络称为中压系统，1kV 以下的网络称为低压系统。

配电网自动化系统是对配电线路上的设备进行远方监视、协调及控制的集成系统。主要任务是在正常情况下对配电网进行状态监测、数据记录以及事故状态下的故障检测、诊断隔离、负荷转移和供电恢复。

配电网自动化是一个庞大复杂的、综合性很高的系统性工程，是一个统一的整体，包含电力企业中与配电系统有关的全部功能数据流和控制。

我国配电网自动化的发展大致经历了三个阶段：

第一阶段是柱上开关设备自动化。由柱上重合器、分段器等具有自动检测与控制操作能力的设备组成，以自动重合闸作保护，线路上装有多组自动配电开关，能自动隔离故障点，较快恢复无故障部分的供电，无需通信手段。

第二阶段是远方监控自动化。将柱上开关加装远方终端装置（RTU）及操作电源，即使在停电情况下，也能通过载波，通信线或无线电与中央控制总站保持通信，传送数据，遥控负荷开关进行合或分操作，对负荷进行调配。

第三阶段是计算机配电自动化。它是在第二阶段的基础上，将远动控制主机与调度和变电站计算机自动化系统在线连接，实现配电系统以“四遥”为特征的计算机实时监控，将各点信号传送到配电管理中心，实现微机控制及信息的自动处理，对配网干线、支线和配电变压器进行实时监测，对配网中的环网开关、负荷开关、分段器、重合器等设备的运行状态进行监控，对馈线故障进行自动识别、隔离，并对非故障线段的供电进行自动核复，采用GIS配网信息系统进行配电网的专业绘图、设备管理和故障报修等项工作，并利用GIS的配网信息系统进行配网规划设计、线损计算、供电可靠性分析、调度辅助决策及网络优化拓扑等。

（二）配电网自动化的作用及目的

配电网自动化的目的和作用主要有以下几个方面：

1. 减少停电时间，缩小停电面积，从而提高供电可靠性

配电网络经过改造后，采用环网“手拉手”供电方式，并用负荷开关将线路分段，这样在正常计划检修时可以做到分段检修，避免因线路检修造成全线停电，大大提高电网的安全性和可靠性，提高事故处理的效率。另外，利用馈线自动化系统，可对配电线路进行故障检测，实现故障段的自动定位和隔离及非故障区段的自动恢复供电，可缩小故障停电范围，把故障停电时间缩小到最短程度，减少对用户的停电时间，提高供电的可靠性。供电可靠性就是指供电系统对用户能够持续不间断供电的能力。在电力系统可靠性的管理中，供电可靠性是一项重要的指标，它直接体现供电系统对用户的服务能力，反映了电力工业对国民经济电能需求的满足程度。

随着经济的发展，国民生产水平对电力的需求越来越大。但是对于电力系统中直接服务于用户的配电系统，由于它具有线路繁多、网络复杂、覆盖面大的特点，故而检修维护工作量也非常大。配电网络的供电可靠性直接关系到用户用电的安全和可靠，关系到供电企业的生存和发展，关系到整个城市的发展。

目前，我们的停电方式大致有三种。第一种为计划停电，根据月生产计划工作需要，在月底向调度申请下个月的停电计划；第二种为临时停电，主要是处理故障，临时向调度申请停电；第三种停电为夜间停电，对工作量较小，在安全前提下采用夜间检修工作，这样虽然不能保证供电的可靠性，但可以减少电量的损失，还可以得到良好的社会效益。一般来说，计划停电和故障停电是造成用户停电的两个主要原因。传统配电线路一般采用辐射型结构，线路中间无分段开关，在线路上某一处故障或进行检修时会造成全线停电，这

种供电结构将严重影响供电可靠性指标。当前要达到供电可靠率 99.99%的目标，提高配电网的自动化是保证实现供电可靠性指标的基础工作，也是城市供配电网的发展方向。

2. 降低网损，提高供电质量，具有很高的经济性和实用性

随着国民经济的高速发展，对用电量的需求迅速增加，电网的经济运行越来越受到电力系统的高度重视。降低网损，提高电力系统输电效率和系统运行的经济效率，是电力系统运行部门面临的实际问题，也是电力系统研究的主要方向之一。特别是随着电力市场的实行，电力公司通过有效的手段，降低网损，提高系统运行的经济性，可给供电部门带来更好的效益。

配电网自动化是电力系统安全经济运行研究的一个重要组成部分。通过对电力系统无功及负荷进行合理的配置和管理，不仅可以维持电压水平和提高电力系统运行的稳定性，而且可以降低网损，使电力系统能够安全经济运行。其中配电网自动化的主要内容就是馈线自动化。实施馈线自动化可为实现配网无功和潮流优化、经济运行打下良好基础。另外，馈线自动化系统可以实时监视线路电压的变化，自动调节变压器输出电压或分段投切无功补偿电容器组，保证用户电压满足的要求，实现电压合格率指标。

在日常生活中，常有短时间线路由于无功电流过大造成用户电压不稳定，严重时还会引起其他低压电器低电压保护动作，使其退出运行的情况。比如空调启动时无功电流是正常值的很多倍，而启动时间往往只有数秒，这部分无功功率如果不能及时补偿，其耗电容量则会超过供电变压器容量，引起电压急剧下降，电灯变暗，计算机重启、其他电器保护动作，在生产场所这种电压波动往往会造成设备损坏，增大废品率，损失是惊人的。

配网自动化的无功补偿装置可以消除涌流和过电压，优化无功补偿，能使用户在一个稳定电压环境中工作，产生良好的效益。上述措施不仅可以降低电网网损状况，还可以提高供电质量，给供电企业带来可观的经济效益，并大幅度地提高人们的生活质量。

3. 实现状态检修，减少配电网运行维护费用，降低配网运行成本

在小范围内搞配电自动化，可能难以体现其效益。但是如果从较大范围内进行配电自动化的角度来看，就可以明显地体现出其规模效益。例如，在过去为了保证重要用户的供电可靠性，一般采用由变电站直接向用户进行双路或多路供电。很显然，这种配电方式需要的线路较多，投资也比较大，而且当线路无故障时，总有一条线路空闲，运行设备闲置，利用率低。

在实施配电网自动化后，电网结构得到合理的安排。当用户供电线路发生故障而退出运行后，通过操作联络开关，可由其他的无故障线路继续供电。因此，在保证同样可靠性的前提下，配电网自动化与传统的做法相比，可更加充分地发挥设备的潜力，节省投资。

此外，馈线自动化系统对配电系统及设备运行状态进行实时监视，为实施状态检修提供了基础，创造了有利的信息资源。这样就可以适时地有目的地安排设备检修，以减少检修的盲目性和对设备不必要的损害。另外，巡视计划可以自动生成，设备的周期查询和周期维护记录可以分类录入，还能够对超期未巡视的设备进行查询以及按月、季、年对设备、线路的巡视率进行综合统计等。对于在巡视、检修、试验时发现的缺陷也可以分类录入。对于设备的缺陷传递、缺陷分类以及缺陷消除情况，还有检修周期查询维护、检修工时及材料定额，检修工作票传递、验收、检修数据都能进行分类汇总。还能自动生成大、小修计划，并能够利用馈线自动化在线监测功能，实时反映所测量的变化，对配变、断路器等配网主要设备运行状态用订汇总综合测试，并对其负荷情况、气体密度、油绝缘、接头温升、绝缘子表面泄漏电流等重要运行参数进行实时监控，从而实现对线路和设备的运行状态分析，做到状态检修。这既减少了检修费用，又减少了不必要的停电时间，降低了检修费用，并保证了配电网的供电可靠性。同时，还可利用配电网自动化系统提供的数据与资料，及时确定线路故障点及原因，缩短故障修复时间，节省修复费用。

4. 节省总体投资，提高经济效益和社会效益

在实施配网自动化后，降低了运行人员的劳动强度，提高劳动效率，使运行人员对配电网络的运行状况掌握得更全面、更快捷，为供电企业创造更好的经济效益和社会效益。与传统方式比较，通过配电网自动化，供电系统与用户发生商业性行为时手续可以大大简化，提高了效率，并增加了透明度，这主要是因为可以实现从用户电能表抄表到电价计费的全过程实现“一条龙”的自动化服务。另外，还可以对用户计量设备实施遥控，譬如用负荷控制、电需求量的调整以及更改电价或扫描用户用电量数据等。配电网自动化的实施，改变了配电网传统的运行管理方式，但对运行人员提出了较高的要求。

（三）配电网自动化的实现及配网管理系统

配电是电力系统发电、供电、用电三个环节中直接面向电力用户消费的部分，主要由配电开关设备、避雷器、变压器、箱式、变电站、远程终端（FTU）、馈线、断路器、GIS各种开关等配电设备构成。配电网和继电保护、自动装置等测控系统构成配电系统。

配电自动化开关设备如线路、杆塔、配电变压器、断路器、隔离开关、避雷器、电容器、TA、电缆、变台、配电室、开闭站、箱式变、重合器、分段器、户外开关、负荷开关、环网开关等，应具有电动和手动操作的功能，并能远方控制。目前，新型配电自动化开关一般具有以下特性：

①线路分段开关具备开断正常工作电流的能力，出线开关具有开断短路故障电流的

能力。

②线路分段开关以及出线开关具有三相电流电压传感器，以获取三相电流、电压信号。

③线路分段开关、出线开关具有以高性能单片机为核心，有远程通信接口的控制器，该控制器具有相应的硬件接口电路，将三相电压、电流信号转换为零序电压、零序电流信号。

配电网自动化工程是配电开关设备、电力电子技术、计算机技术、通信技术在配电网上的综合应用，应以安全可靠、技术先进、经济适用、维护方便为原则。具体说来，在我国，配电自动化 AD（Automation Distribution）指在 10 kV 配电系统中采用智能化的开关设备、计算机及通信技术，能自动实现配电网的故障自动隔离和非故障线路供电，并能在管理中心对配电网的运行状态实现监控，改变配电网的运行方式，对配电网系统进行分析及对数据进行采集、查询和统计等。配电开关设备 DS（Distribution Switches）则指用于配电网中技术性能符合使用要求的断路器、重合器、分段器、负荷开关、隔离开关、环网开关等。配电自动化是配电自动化系统的神经中枢，是整个配电自动化系统的监视、控制和管理中心。

配电自动化的内容大致分为五个方面，即馈线自动化、变电站自动化、配电管理自动化、用户服务自动化和通信系统，其中变电站自动化技术是配电自动化的重点之一。

二、馈线自动化

（一）馈线自动化的概念

馈线自动化是指配电线路的自动化，亦即从变电站出线到用户用电设备之间的馈电线路自动化。馈线自动化完成馈电线路的监测、控制、故障诊断、故障隔离和网络重构。一般来说，馈线自动化应包括配电网的高、中、低三个电压等级范围内线路的自动化，它是指从变电站的变压器二次侧出线口到线路上的负荷之间的配电线路。具体说来，对于高压配电线而言，其负荷主要是二次降压变电站；对于中压配电线，其负荷可能是配电变压器，也可能是大容量需求的用户；对于低压配电线，其负荷则基本上就是广大的用户。相应地，馈线自动化对不同的电压等级也有着不同的技术特性，尤其是低压馈线自动化，无论从结构到层次，还是一次、二次设备，与高、中压馈线自动化相比，都有着很大的区别。目前，在论述馈线自动化时一般是指中压馈线自动化以及高压馈线自动化，而且主要是指中压馈线自动化，在我国尤其是指 10kV 馈线自动化。

馈线自动化的实现原则是：故障后的网络重构应以集中控制与分布控制相结合，优先采用分布式控制的原则，以提高反应速度；实现配电网的闭环运行，故障情况下，瞬时切断故障段并保持对非故障区的不间断供电；兼容开环运行模式。

馈线自动化系统 FAS（Feeder Automation System），IEEE 将其定义为配电网馈线上的故障自动检测、识别和定位以及远方监视、协调及控制的集成系统。它不仅要包含正常情况下的电网监测、电气参数测量和运行优化，还包含事故状态下的故障检测及定位、故障隔离、网络重构和恢复供电控制。

（二）馈线自动化的功能

具体地讲，馈线自动化大致可以概括为四个基本功能，即配电网状态监测，远动控制，故障区隔离、负荷转供及恢复供电，无功补偿和调压。

1. 配电网状态监测

它监测的状态量主要有电压幅值、电流、有功功率、无功功率、功率因素、电量以及开关设备的运行状态等。有数据传输信道时，这些量可以送到某一级的 SCADA 系统；在没有传输设备信道时，可以选择某些比较重要的量，如功率、电压电流等可以保存或指示的量加以监测。由于配电网内监测点太多，因此有必要选择那些关键点加以监测，以节省投资。

对于监测量是进行实时检测的，所监测的装置一般称为线路终端 FTU（Feeder Terminal Unit），具有遥测、遥信、遥控功能，采集数据并上报主站，主要着重于馈线故障的反应能力以及对开关的操作能力。装有 FTU 的配电网，不仅能进行配电网的正常监测，也可以完成事故状态下的监测；没有装设 FTU 的地点也可以装设故障指示器，通常装在分支线路和大用户入口处，具有一定的抗干扰能力和定时自复位功能。如果故障指示器有触点，也可以经过通信设备把故障信息送到某一级 SCADA 系统。如果馈线自动化采用由馈线上的 FTU 采集信息送到某一级 SCADA 系统，由软件处理信息并作出判断，而后进行故障区隔离和负荷转移，恢复供电，那么，这个 SCADA 系统可以是在配调中心的主站，或者就是设在变电站的自动化系统。采用前一种方式，如果采用有线传输信息，变电站至少要将信息转发至配调中心；采用后一种方式，变电站的 SCADA 系统要增加馈线自动化的应用软件，这样它就成为二级主站（如果配调中心的主站称为一级主站的话）。采用哪一种方式，要根据不同的配电网具体地选择。前一种方式大大增加了变电站到配调中心主站的通信量，但简化了变电站的 SCADA 系统；后一种方式实行了信息和功能的分层，但增加了变电站自动化的技术难度。

2. 无功补偿和调压

无功补偿主要是根据每条线路、每台配变采集到的有功功率、无功功率和功率因数，结合实际情况，提供配电网无功补偿的依据，制定出合理的补偿措施，提高功率因数，降低线路损耗。配电网中无功补偿设备主要有安装在变电站和用户端两种。前者在变电站自动化中进行控制和调节，后者大多为就地控制。不过目前在小容量配电变中难以实现就地补偿的情况下，在中压的配电线路上进行无功补偿还应用得比较广泛。通常采用自动投切开关或安装控制器加以实施。配电网内无功补偿设备的投切一般不作全网络的无功优化计算，而是以某个控制点（通常是补偿设备的接入点）的电压幅值为控制参数，有的还采用线路或变压器潮流的功率因数和电压幅值两个参数的组合为控制参数。这一功能旨在保持电压水平，提高电压质量，并可减少线损。无功自动补偿功能能准确地反映配电系统无功需求状况，对高低压无功补偿装置能自动控制和合理调节，对经济运行调度提供依据。配电网的无功补偿，除对变电站 10kV 母线进行集中自动补偿外，还要在路上进行动态无功补偿，实现遥控和自动投切。

馈线自动化是配电网自动化的重要组成部分。要实现馈线自动化，需要合理的配电网结构，具备环网供电的条件；各环网开关、负荷开关和街道配电站内开关的操作机构必须具有远方操控功能；环网开关柜内必须具备可靠的开关操作电源和供 FTU、通信设备用的工作电源；具备可靠的、不受外界环境影响的通信系统。

三、变电站自动化的内涵

变电站自动化指应用控制处理技术与信息通信技术，通过计算机软件或自动地装置对变电站进行自动监控、自动测量和运行操作的一种自动化系统。变电站自动化将模拟信号转化成数字信号，实现信号数字化和计算机通信，改变了传统的变电站二次设备领域，使变电站运行和监控发生了巨大的变化，取得显著的效益。变电站自动化的内容包括电气量的采集和电气设备（如断路器）的状态的监视、控制和调节，实现变电站的正常运行的监视和操作，保证变电站的正常运行和安全。

（一）变电站自动化的功能

变电站自动化主要有以下功能和作用。

1. 实时信息采集功能

站内的所有智能装置的信号采集和参数管理。如测控保护单元的测量、状态、保护动作信号、录波数据，电能表的电能、测量数值、状态信号，直流的充电、馈线、蓄电池，图像语音及各一、二次设备运行状况等信息的采集。信息总量是常规装置的 10 倍，并且没有任何数量限制，从而使运行人员能全面地监视变电站的运行情况。

2. 实时命令交换功能

通过网络实现对各开关、压板、参数及其他可控设备进行实时控制。

3. 对时功能

全网在进行实时数据交换的同时，进行定时对时，实现全网时钟的统一。

4. 历史数据交换功能

主站可通过网络读取厂站端所记录的任意时刻的历史数据和告警操作记录，实现历史数据的交换和共享。

5. 远程维护功能

由于自动化系统连成了一个统一的网络，因此在任何地方均可对任何一套系统进行远程维护，从而大大提高工作效率，提高系统运行率。

6. VQC、接地选线功能

在主控计算机上实现 VQC、接地选线功能，提高了智能化程度和可靠性，降低了投资。

变电站在配电网中的地位十分重要，它既是高压配电网中的负荷，又是下一级配电网的电源。变电站自动化技术是配电自动化的重点之一，它已发展成一个相对独立的技术领域。

（二）变电站自动化的结构

随着微机技术、网络技术和通信技术以及微机性能价格比的不断提高，变电站自动化系统的结构向分层分布式和单元、模块化的方向发展。网络型变电站自动化系统按其功能在逻辑上可分为变电站层、间隔层、中间层。

1. 中间层

它是间隔层或单元层设备与一次高压设备间的桥梁，是由传感器和执行器等实现所有与过程接口的功能部件。

2. 间隔层

该层的设备统称为智能电子设备 IED（Intelligent Electronic Device），一般按断路器间隔划分，具有测量和控制器件，负责该单元线路或变压器的参数测量和监视、断路器的控制和联锁。间隔层有故障记录和事件顺序记录装置，可由调控器件和保护装置实现。保护装置负责该单元线路或变压器的短路和异常状态保护。

3. 变电站层

由具有数据库的站级计算机、操作员平台和远方通信接口等组成，实现各智能电子设备信息采集处理和监视控制操作以及远方的网络通信交换功能，包括变电站的监控计算机、现场总线和局域网，供计算机之间与单元层交换信息。变电站层设备一般装设于控制室。

变电站自动化系统一般按分布式系统构成原则，各单元之间无一般的电路连接，必要时可通过通信网串行交换信息。变电站分布式自动化系统按单元分开，当一个单元的监控、保护设备出现故障或异常时，可以只停下该单元设备进行检查处理，不影响其他单元。

（三）变电站自动化的网络通信

变电站自动化是在主控计算机的基础上构建站内自动化系统，并通过网络与主站系统连接，构成一个完整的自动化系统。它把间隔层或单元层的智能电子设备作为一个个小的RTU看待，与主控计算机进行通信，站内的语音图像、故障录波直接接入站内自动化网络上，这样就构成了一个完整的网络变电站自动化系统。它主要包括以下几点内容：

1. 主控计算机

作为系统的核心，它一般由一台或两台高性能的一体化液晶可控计算机组成，并直接与当地的网络系统相连。主控计算机向主站及后台机发送实时信息并接收和执行它们的控制命令，并将自身保存的历史信息分享给所有的网络终端。同时，它通过终端服务器接收大量的不同类型的智能装置的信息，并根据要求进行控制。主控计算机可以提供很多不同类型的物理接口，并采集站内的所有参数、状态等信息，主控计算机所拥有的信息非常齐全，可方便地加载VQC、接地选线等功能，并且解决了原来的常规综合自动化系统的处理性能低、无法保存和交换历史信息等问题。

2. 现场总线

根据实际间隔单元选择接口方式，可采用CAN、LONWORK、CANBUS、485、422等总线连接或与以太网连接，也可以采用RS232等方式连接。物理介质可采用光纤、同轴电缆和屏蔽双绞线。现场总线接入系统均采用隔离防雷措施，以确保系统的可靠性。

3. 局域网络

它连接了站内的各计算机及网络设备。在厂站端由网络交换机组成双局域网络，两网互为热备用，任意一个网络中断均不影响系统的正常运行。网络传输最大而且快，改变了过去采用单片机组成主控、采用串口低速传输、无法接入故障录波、图像监控、电量采集等设备的状况，使所有的模块都可以接入这一开放的网络系统中，实现数据的共享和信息的交换。

4. 广域网络

传输量大，速度快。采用网络光纤收发器，以千兆或百兆的速率连接到相邻变电站或主站系统，将厂站自动化网络与主站自动化网络联为一体，使主站系统与厂站系统融为一体。这样，无论是实时信息（如遥测、遥信、遥控、遥视等），还是历史信息（如现场定时保存的遥测数据、电能量数据、事件记录、录波数据、录像等），在同一网上都可以非常方便地进行共享和交换，也可以通过路由器和数字通信设备（如光端机、数字微波等）采用 2M 或 64K 的速率连接到主站，实现网络连接和信息共享。

四、用户服务自动化

（一）负荷管理

我国传统的负荷管理是在发电容量不足的情况下，采取抑制负荷的方法改善负荷曲线（用削峰、填谷和错峰等控制手段），这种控制曾在我国配电网中普遍采用。随着发电容量的增加，这种落后的负荷控制方式必须改变。先进的负荷管理是根据用户的不同用电需求，根据天气状况及建筑物的供暖特性，并依据分时电价，确定满足用户需求的最优运行方式，并加以用电控制，以便用最少的电量获得最好的社会、经济效益以及用电的舒适度。这将导致平坦负荷曲线，节约电力，减少供电费用，推迟电源投资和减少用户电费支出。目前我国对于负荷的控制主要是通过各种不同的通信网络如 RS485、CANBUS、GPRS 等，采集配电变压器的负荷、表计电量，然后可以直观地通过配变的实时负荷及配电网络的负荷状况对各配变进行负荷的协调控制管理。

（二）用电管理

它主要包括线损分析及电压合格率的统计、负荷跟踪与预测、自动计量计费、业务扩充、用户服务等内容。

线损分析主要是指供电系统按行政区（或供电区）、线路以及配电变压器等进行线损分析。线损分析显示结果直观、方便，能以年、月、日或不固定时段形成统计分析报表和曲线。电压合格率的统计是指统计出电压合格率，便于找出电压不合格的原因，制定措施，提高电压合格率。

负荷跟踪与预测主要根据各时段负荷分布，预测峰、谷、平时段的用电量及负荷，做到电能合理配送，实现削峰填谷，降低负荷波动。另外，还要根据三相不平衡率的计算，三相电流、功率、用电量的比较，得出不同时段、不同季节各相负荷的分布、转移情况，从而可以通过调整实现三相负荷的平衡。

自动计量计费可应用于不同层次，有为适应电力市场的交易，满足发电、输电、配电以及转供等需要的计量计费系统，适合于不同的发电厂家、不同的供电部门（公司）的计量计费系统，还有直接记录各家各户的自动抄表系统。它们都涉及到计量设备、数据传输（通信）和计费，甚至涉及与费用结算部门（银行）之间的信息交换。自动计量计费同时与负荷监测一起可以进行负荷预测及防窃电。

业务扩充是指用户报装、接电等一系列的用电业务的服务。现在已经可以利用计算机等设备操作，以提高处理事务的自动化程度，节省劳动力，改善劳动条件，并可提高服务质量，也便于对数据进行检查和管理，有的供电局已实现了无纸化作业，其自动化程度可见一斑。

用户服务方面，如停电报告及处理、交费及票据处理等，也均可利用计算机及通信等较先进的技术和设备使服务的自动化水平和质量得以提高。

（三）需方发电管理

这是将用户的自备电源纳入直接或间接的控制之中。出于种种原因，用户装有各种自备电源，如电池蓄能的逆变不间断电源，柴油机发电，太阳能、风能等发电，联合循环发电以及自备热电站和小水电站等。它们在提供当地用户相当的电力之后，可能有部分电力注入配电网，尤其在晚间，有可能恶化电网的运行。如将这些电源置于控制或管理之中，将有利于配电网的运行，增加供电的可靠性，并有可能调节电网发电机组的运行，从而提高经济性。

另外，需方发电管理还包括供电可靠性数据统计，主要包括用户平均停电时间、供电可靠率、停电时间管理、停电原因（计划停电、临时停电、限制停电、故障停电）分类、停电设备分类等。

用户服务自动化的几个内容主要涉及到电力供需服务和供需双方的关系，同时与电力经营的管理体制有着密不可分的联系。因此，为了使供需双方服务的稳定和规范，必须立法和制定相应的规则，并最终由电力市场来调节。从某种意义上讲，电力的供需双方不仅仅是一种电力买卖关系，也是以双方利益为纽带的合作伙伴关系，在电力市场经济的大环境下，用户服务自动化必将越来越受到重视。

五、配电管理自动化

配电管理系统（DMS）是指用现代计算机、信息处理及通信等技术和相关设备对配电网的运行进行监视、管理和控制。配电管理自动化是指用计算机、通信等技术和设备对配电网的运行进行管理。从信息的角度看，它是一个信息收集和处理的系统，它在操作系统、数据库、人机界面、通信规约上遵守现行的工业标准，是一个开放系统。它是配电自动化系统的神经中枢，是整个配电自动化系统的监视、控制和管理中心。主要功能有数据采集和监视（SCADA）、配电网运行管理、用户管理和控制、自动绘图/设备管理/地理信息系统（AM、FM、GIS）等。

配电自动化主要侧重于配电网的控制功能的自动化，尤其是在配电网的控制和运行方面，如馈线自动化、变电站自动化等，它不包括地图计算机化和检修管理等。而配电管理系统分为配电管理和配电自动化两大部分。配电管理主要包括数字地图系统、网络设备文件、冗余部件管理、检修计划管理、运行规划以及其他管理任务如故障控制通信管理等。配电自动化主要包括 SCADA 系统、电压/无功控制、保护的协调和控制、馈线控制，而馈线控制又包括馈线开关和馈线重组、馈线检出、馈线故障定位、馈线故障隔离、故障恢复供电、网络设备的自动化以及 RTU 通信等。

配电管理系统是配电网自动化系统的运行管理中心，该部分是数据管理、图形管理、历史数据、实时数据、电网运行数据、用户数据、电网规划设计、施工和运行数据等高度集成的一体化系统。其主要包括以下内容：

1. 配电网的 SCADA 功能

配电网的 SCADA 功能就是通过 RTU、FTU 数据采集设备，收集电网的实时信息，通过一定的通信手段将数据送入前置机，再通过计算机网络并遵从一定的协议把数据送入后台服务器进行处理，供其他功能工作站使用。

2. 地理信息系统 GIS

地理信息系统 GIS 是建设配电网管理系统的平台和基础。由于配电网直接面向用户，尤其是城市配电网，分布广泛、数据量大，电气设备的布局、馈线的走廊与地理位置、城市房屋、街道走向关系密切。把配电网的设备和运行信息与地理信息、自动绘图（GIS、AM）相联系，将使配电网信息的含义表示得更直观，也给运行带来极大的方便。GIS 将配电网管理系统的实时控制和离线应用有机结合，形成一个具有空间概念（地理环境）和基础信息（配电网资料及用户资料）的基础数据库。

3. 故障定位与隔离

故障定位与隔离是配电网管理系统最基本的功能。对用户投诉故障及自动报警故障进行分析，在地理图形上显示停电区域，列出受停电影响的设备清单，分析停电原因，确定故障位置，将故障部分与正常部分隔离，对停电故障尽快抢修或用其他手段尽快恢复供电，将停电时间缩到最短。

4. 运行参数管理

运行参数管理主要针对配电变压器及大用户进行负荷管理。任意设定采集时间间隔，对负荷、电压、抄见电量等进行实时监测，对运行参数进行实时监控，通过对运行参数的管理直接了解运行情况，实时、真实地反映用电状况，进行负荷预报，提高配电网运行的经济性和可靠性。

5. 电能计费

电能计费系统分别计算入网费和出网费。对从现场采集来的电量进行分析，了解各时段电量变化；处理远方厂站的关口电量数据并进行统计、结算，生成各种统计、分析报表。

配电网管理系统软件包括网络拓扑、状态估计、潮流计算、短路电流、电压无功控制、负荷预报、供电计划等。它利用网络数据库中的实时测量分析、计算出全网运行状态，指导电力系统运行调度。扩充应用软件包括无功优化、电压控制、故障诊断与恢复、短路电流计算与保护整定、最优潮流、安全分析、三相潮流、调度员培训等部分。

由一个配电自动化主站实行对整个配电网的数据采集，并集馈线自动化、变电站自动化、用户自动化成一个系统，这个系统可以称为集中式配电管理系统（DMS）。目前，现场主要采用集中式的配电管理系统。整个配电自动化采用计算机网络技术并由一个一级主站和若干个二级主站以及若干个子系统，如用电管理子系统、负荷管理子系统等集成，这种信息的收集和处理也是分层和分布式的管理。该系统主要功能有数据采集与控制、运行状态监测、配电设备管理、停电管理、检修管理、计量计费、负荷管理、网络分析、营业管理、工作管理、网络重构以及与相关系统通信联系等。

第二节　变电站综合自动化

一、变电站综合自动化概述

（一）变电站综合自动化概念

变电站综合自动化系统是利用先进的计算机技术、现代电子技术、通信技术和信息处理技术等实现对变电站二次设备（包括继电保护、控制、测量、信号、故障录波、自动装置及远动装置等）的功能进行重新组合、优化设计，对变电站全部设备的运行情况执行监视、测量、控制和协调的一种综合性的自动化系统。通过变电站综合自动化系统内各设备间相互交换信息、数据共享，完成变电站运行的监视和控制任务。变电站综合自动化替代了变电站常规二次设备，简化了变电站二次接线。变电站综合自动化是提高变电站安全、稳定运行水平、降低运行和维护成本、向用户提供高质量电能的一项重要技术措施。

（二）发展变电站综合自动化的必要性和优越性

变电站作为整个电网中的一个节点，担负着电能传输、分配的监测、控制和管理的任务。变电站的继电保护、监控自动化系统是保证完成上述任务的基础。在电网的统一指挥和协调下，电网各节点（如变电站、发电厂）具体实施和保障电网的安全、稳定、可靠运行。因此，变电站自动化是电网自动系统的一个重要组成部分。作为变电站自动化系统，它应确保实现以下要求：①检测电网故障，尽快隔离故障部分；②采集变电站运行实时信息，对变电站运行进行监视、计量和控制；③采集一次设备状态数据，供维护一次设备参考；④实现当地后备控制和紧急控制；⑤确保通信要求。

因此，要求变电站综合自动化系统运行高效、实时、可靠，对变电站内设备进行统一监测、管理、协调和控制，同时，又必须与电网系统进行实时、有效的信息交换、共享，优化电网操作，提高电网安全，稳定运行水平，并为电网自动化的进一步发展留下空间。

（三）变电站综合自动化的优越性

变电站是电力系统的重要组成部分，担负着电能转换和电能重新分配的重要任务，对电网的安全和经济运行起着举足轻重的作用。随着电力系统的发展，电网结构越来越复杂，各级调度中心需要获得更多的信息，以准确掌握电网和变电站的运行情况。同时，为提高电力系统的可控性，需要实现远方控制和监视，并逐步实现无人值守模式。

传统的变电站一般都采用常规设备。二次设备中的继电保护和自动装置、远动装置等，采用电磁式或晶体管式，体积大，设备笨重，主控室和继电保护室占地面积大、结构复杂、可靠性低、维护工作量大，缺乏自动控制和调控手段，因此采用更先进的技术改造变电站是一种必然趋势。最初，我国对变电站监控技术的研究有两个方面：一是在220kV以下中低压变电站中采用综合自动化技术，全面提高变电站的技术水平和运行管理水平；二是对高压变电站采用全新的保护和控制技术，促进各专业的技术上的协调，提高自动化水平和运行的可靠性。随着自动化技术的不断完善和成熟，一些厂家已将变电站综合自动化系统应用到高电压等级的变电站。总体来看，实现变电站综合自动化的优越性主要有以下几方面：

1. 提高供电质量

在变电站综合自动化系统的功能中包括电压、无功自动控制功能，对具备有载调压变压器和无功补偿电容器的变电站，根据运行情况提高电压合格率，使无功补偿更合理，降低网络中的电能损失。

2. 提高变电站的安全、可靠运行水平

变电站综合自动化系统装置都是由微机组成的，其配置灵活，灵敏度和可靠性高，调试方便，可用计算机在线监视继电保护运行参数及其工作情况，必要时可以从远方对某些保护参数重新进行整定。还具有故障自诊断功能，使得变电站一次设备和二次设备的工作可靠性大大提高。

3. 提高电力系统的运行管理水平

变电站实现综合自动化后，监视、测量、记录等工作全部由计算机来自动进行，既提高了测量的精度又避免了人为的主观干预，运行人员通过看CRT屏幕便可掌握变电站主要设备和各个输、配电线路的运行工况和运行参数。计算机及时将数据反映给值班人员或调度中心，大大提高了运行管理水平。

4. 降低造价，减少总投资

由于采用微机及通信技术，可以实现资源共享和信息共享，变电站综合自动化系统大大减轻了电压互感器、电流互感器的负担，降低了电能损失，并节省了大量的控制电缆。综合自动化硬件电路多采用大规模集成电路，结构紧凑，体积小，使变电站的占地面积大大减小。随着技术的进步，微机性能价格比不断提高，综合自动化系统功能不断增加，性能也不断逐渐完善，价格越来越低，最终减少了变电站的总投资。

5. 促进无人值守变电站管理模式的实行

变电站综合自动化装置均有故障自诊断功能，系统内部有故障时能自检出故障部位；微机保护和自动装置的定值可在线读出检查，或远距离重新整定；监控系统的抄表、记录等工作自动化进行。这些功能的实现可减少许多维护工作量和维修时间以及值班人员的劳动，为无人值守提供可靠的技术条件。因此，综合自动化促进了无人值班变电站管理模式的实行，无人值班变电站也为综合自动化的实现和发展提供了广阔的空间。

（四）变电站综合自动化系统的主要内容和基本功能

变电站综合自动化系统的主要内容：变电站综合自动化系统的管理计算机通过通信电缆与安装在现场的所有微机保护与监控单元进行信息交换。管理计算机向下发送遥控操作命令与有关参数修改，随时接收微机保护与监控单元传上来的遥测、遥信与事故信息。管理计算机通过对信息的处理进行存盘保存，通过记录打印与画面显示，对系统的运行情况进行分析，通过遥信可以随时发现与处理事故，减少事故停电时间；通过遥控合理调配负荷。

变电站综合自动化的基本功能：变电站综合自动化是多专业性的综合技术，它以微型计算机为基础，实现了对变电站传统的继电保护、控制方式、测量手段、通信和管理模式的全面技术改造，实现了电网运行管理的一次变革。

（五）变电站综合自动化的分层

1. 间隔层能实时上传事故、状态、告警、事件信号

间隔层能实时上传站内设备动态状况的变化，能实时上传测量值，能实时上传简要的保护动作信息，当站级或远方调度中心需要详细信息时，再根据要求上传，并能根据要求查询历史报告。

2. 通信层采用通信管理机

负责与现场设备层的各类装置进行通信，采集各类装置的数据、参数，进行处理后集中打包传输到主站层，同时作为中转单元，接受主站层下发的指令，转发给现场设备层各类装置。

3. 站控层位于监控室内

具体包括：安装有智能电力监控系统的后台主机等相关外设；负责将通信间隔层上传的数据解包，进行集中管理和分析，执行相关操作，负责整个变配电系统的整体监控；智能电力监控系统提供专用的通信功能模块，通过专用的以太网硬件通信接口，以 OPC 方

式或其他通信协议向上一级系统（如：BAS、DCS 或调度系统）发送相关的数据和信息，实现系统的集成。

主要组成有中央处理器、三个层次的微机设备一个 GPS 时钟校正系统，还有一些保护装置和辅助装置，如小电流装置。其中最主要的装置是微机保护装置、电路保护装置、电机保护装置、备自投保护装置和接地保护装置等。

（六）变电站综合自动化结构的几种类型

1. 前期 RTU 系统

基于 RTU、变送器及继电保护与自动装置等设备的变电站综合自动化系统，一般称为增强型 RTU 方式，也称集中式或第 1 代综合自动化系统。该类系统实际上是在常规的继电保护及二次接线的基础上增设 RTU 装置以实现“四遥”。结构上仅是站级概念，有关重要信息（如保护动作信息等）通过硬接点送给 RTU 装置，变电站的监测量一般经变送器变换后送给 RTU。开关监测量直接引至 RTU，RTU 的控制输出一般经遥控执行柜发出控制命令。该类系统的特点是：系统功能不强，硬件设备重复、整体性能指标低，系统连接复杂，可靠性低，但其因成本低，特别适合于老站改造。实际上该类系统仅为变电站综合自动化的初级形式，尚不能称为综合自动化系统。

2. 集中式结构

集中式变电站综合自动化系统按信息类型划分功能，其功能模块与硬件无关，各功能模块通过软件连接。信息是集中采样集中处理和运算，这种系统在早期出现得较多。

集中控制是指在调度中心对各个变电站的主变压器的分接头位置和无功补偿设备进行统一的控制。理论上，这种控制方式是维持系统电压正常，实现无功优化控制，提高系统运行可靠性和经济性的最佳方案。但它要求调度中心必须具有符合实际的电压和无功实时优化控制软件，而且对各变电站要有可靠性高的通道；在各变电站，最好要具有智能执行单元。

但在我国目前各变电站的基础自动化水平层次不一的情况下，实现全系统的集中优化控制有较大的难度。现在一些地区调度中心，虽然也自称对电压和无功可以实行集中控制，但实际上多数只是由操作员通过 RTU 执行机构进行远方手动操作，既不能实现自动优化控制，又增加了调度员的负担，这是目前集中控制普遍存在的一个问题。

集中式一般采用功能较强的计算机并扩展其 I/O 接口，集中采集变电站的模拟量和数量等信息，集中进行计算和处理，分别完成微机监控、微机保护和自动控制等功能。集中式结构也并非指只由一台计算机完成保护、监控等全部功能。多数集中式结构的微机保护、微机监控和与调度等通信的功能也是由不同的微型计算机完成的，只是每台微型计算机承担的任务多些。例如监控机要担负数据采集、数据处理、断路器操作、人机联系等多项任务；担负微机保护的计算，可能一台微机要负责多回线路的保护等。

系统的硬件装置、数据处理均集中配置，采用由前置机和后台机构成的集控式结构，由前置机完成数据输入输出、保护、控制及监测等功能，后台机完成数据处理、显示、打印及远方通信等功能。这种结构有以下不足：前置管理机任务繁重、引线多，是一个信息“瓶颈”，降低了整个系统的可靠性，即在前置机故障情况下，将失去当地及远方的所有信息及功能，另外，仍不能从工程设计角度上节约开支，仍需敷设电缆，并且扩展一些自动化需求的功能较难。变电站二次产品早期开发过程是按保护、测量、控制和通信部分分类，独立开发，没有在整个系统设计的指导思想下进行。随着技术的进步及电力系统自动化的要求，在进行变电站自动化工程的设计时，大多采用的是按功能“拼凑”的方式开展，从而导致系统的性能指标下降以及出现许多无法解决的工程问题。

集中式系统的主要特点有：

①能实时采集变电站各种模拟量、开关量，完成对变电站的数据采集和实时监控、制表、打印、事件顺序记录等功能。

②完成对变电站主要设备和进、出线的保护任务。

③结构紧凑、体积小，可大大减少占地面积。

④造价低，尤其是对35kV或规模较小的变电站更为有利。

⑤实用性好。

集中式的主要缺点有：

①每台计算机的功能较集中，若一台计算机出故障，影响面大。因此，必须采用双机并联运行的结构才能提高可靠性。

②软件复杂，修改工作量大，系统调试繁琐。

③不灵活，对不同主接线或规模不同的变电站，软、硬件都必须另行设计，工作量大。

④集中式保护与长期以来采用的一对一的常规保护相比，不直观，不符合运行和维护人员的习惯，调试和维护不方便，程序设计麻烦，只适合于保护算法比较简单的情况。

3. 分布控制

分布控制也称为分散控制。系统的结构主要按其功能来设计，比较分散所示。它从硬件结构上按功能对装置进行了划分，摒弃了集中式单CPU结构而走向分散，系统由数据采集单元（模拟量、开关量、脉冲量）、主机单元（总控单元）、遥控执行单元、保护单元组成。各功能单元（设备）通过通信网络等手段实现有机结合，构成系统。该类系统可替代常规的保护屏、控制屏、中央信号屏、远动屏、测量仪表等。它具有较强的在线功能。各种功能比较完善，且人机界面较好。但系统仍然比较复杂，联结电缆较多，系统可靠性不太高。这类系统虽然做到了一定程度上的分散（功能分散），但没有从整体上来考虑变电站综合自动化系统的结构，一般仅是监控系统和保护系统简单的相加。由于我国保护和远动分属不同的部门和专业，故我国目前的大多数综合自动化系统均属此类结构系统。这类系统一般称为分散式系统或第二代综合自动化系统，是一种过渡方案。

4. 分层分布式

系统从逻辑上将变电站自动化系统划分为两层，即变电站层（站级测控单元）和间隔层（间隔单元）。也可分为三层，即变电站层、通信层和间隔层。该系统的主要特点是按照变电站的元件、断路器间隔进行设计。将变电站一个断路器间隔所需要的全部数据采集、保护和控制等功能集中由一个或几个智能化的测控单元完成。测控单元可直接放在断路器柜上或安装在断路器间隔附近，相互之间用光缆或特殊通信电缆连接。这种系统代表了现代变电站自动化技术发展的趋势，大幅度地减少了连接电缆，减少了电缆传送信息的电磁干扰，且具有很高的可靠性，较好地实现了部分故障不相互影响，方便维护和扩展，大量现场工作可一次性地在设备制造厂家完成。

按变电站的控制层次和对象，设置全站控制级（站级）和就地单元控制级（段级）的二层式分布控制系统结构。

站级系统大致包括站控系统（SCS）、站监视系统（SMS）、站工程师工作台（EWS）及与调度中心联络的通信系统（RTU）。

站控系统（SCS）：应具有快速的信息响应能力及相应的信息处理分析功能，完成站内的运行管理及控制（包括就地及远方控制管理两种方式），例如事件记录、开关控制及SCADA的数据收集功能。

站监视系统（SMS）：应对站内所有运行设备进行监测，为站控系统提供运行状态及异常信息，即提供全面的运行信息功能，如扰动记录、站内设备运行状态、二次设备投入和退出状态及设备的额定参数等。

站工程师工作台（EWS）：可对站内设备进行状态检查、参数整定、调试检验等功能，也可以用便携机进行就地及远端的维护工作。

上面是按大致功能基本分块，硬件可根据功能及信息特征在一台站控计算机中实现，也可以两台双备用，也可以按功能分别布置，但应能够共享数据信息，具有多任务实时处理功能。

段级在横向按站内一次设备（变压器或线路等）面向对象的分布式配置，在功能分配上本着尽量下放的原则，即凡是可以在本间隔就地完成的功能决不依赖通信网，特殊功能例外，如分散式录波及小电流接地选线等功能的实现。

这种分层分布式结构的主要特点是：

①间隔级控制单元自动化、标准化，使系统适用率较高；

②包含间隔级功能的单元直接定位在变电站的间隔上；

③逻辑连接到组态指示均可由软件控制；

④简化了变电站二次部分的配置，大大缩小了控制室的面积；

⑤简化了变电站二次设备之间的互连线，节省了大量连接电缆；

⑥可靠性高，组态灵活，检修方便。

二、数据通信

变电站综合自动化使整个电网成为一个统一的整体，能够进行及时的信息通信、信息交换，根据各个系统反应上来的信息进行相应地处理，实现全自动的信息监控。

（一）数据采集和传输系统

它们的作用是：采集各种反映电力系统运行状况的实时数据，并根据运行需要将有关数据通过远动装置传送到主站或调度中心。这些数据包括反映系统运行状态的各种电气量，如频率、电压、功率等，也包括某些与系统运行有关的非电气量，如反映周围环境的温度、湿度等。这些数据既可以由远动装置所在的变电站直接采集，也可以是来自下一级控制中心的有关数据；既可以是直接采集的原始数据，也可以是经远方终端加工处理过的数据。数据采集和传输子系统同时接受来自主站或上一级调度中心根据运行需要而发出的操作、调节和控制命令，并将该命令按一定的规律转发给相应装置的操作或调节机构。采集到的数据通过数据传输子系统传送给主站或上级调度中心。对该子系统进行设计时应充分考虑其经济性和可靠性，同时要保证传输数据的速度及准确率。

1. 监视和控制功能

(1) 数据采集

模拟量的采集。变电站综合自动化系统需采集的模拟量主要是：变电站各段母线电压、线路电压、电流、有功功率、无功功率，主变压器电流、有功功率和无功功率，电容器的电流、无功功率，馈出线的电流、电压、功率以及频率、相位、功率因数等。此外，模拟量还包括主变压器油温、直流电源电压、站用变压器电压等。

状态量的采集。综合自动化系统采集的状态量有：变电站断路器位置状态、隔离开关位置状态、继电保护动作状态、同期检测状态、有载调压变压器分接头的位置状态、变电站一次设备运行告警信号、网门及接地信号等。

脉冲量的采集。脉冲量指电能表输出的一种反映电能量的脉冲信号。

（2）事件顺序记录 SOE

事件顺序记录 SOE 包括断路器跳合闸记录、保护动作顺序记录。

（3）故障记录、故障录波和故障测距

故障记录就是记录继电保护动作前后与故障有关的电流量和母线电压。故障录波就是自动地、准确地记录电力系统故障前、后过程的各种电气量的变化情况。故障测距也称故障定位，就是测定输电线路故障点位置。

（4）操作控制功能

变电站运行人员可通过人机接口（键盘、鼠标和显示器等）对断路器、隔离开关的开合进行操作，可以对变压器分接头进行调节控制，可对电容器组进行投切。

（5）GPS 定时系统

能够给系统一个统一的标准时间，能准确及时地掌握系统信息。

（二）变电站数据通信

变电站综合自动化是利用计算机的网络通信进行控制监测，靠数据通信来完成所有的工作的，因此在系统中数据的通信显得尤为重要，经济、可靠的数据通信成了系统的技术核心。变电站综合自动化系统内的数据网络应满足以下要求：

1. 快速的实时响应能力

变电站综合自动化系统的数据网络要及时地传输现场的实时运行信息和操作控制信息。在电力工业标准中，对系统的数据传送都有严格的实时性指标，网络必须很好地保证数据通信的实时性。

2. 很高的可靠性

电力系统是连续运行的，所以数据通信网络也必须连续运行。通信网络的故障和非正常工作会影响整个变电站综合自动化系统的运行，严重时会造成设备的损坏和人身伤亡事故，造成很大的损失。因此，变电站综合自动化系统的通信子系统必须保证很高的可靠性。

3. 优良的电磁兼容性能

变电站是一个具有强电磁干扰的环境，存在电源、雷击、跳闸等强电磁干扰和地电位差干扰，通信环境恶劣，数据通信网络必须采取相应的措施消除这些影响。

4. 分层式结构

这是由整个系统的分层分布式结构所决定的，也只有实现通信系统的分层，才能实现整个变电站综合自动化系统的分层分布式结构。系统的各层次又各自具有特殊的应用条件和性能要求，因此每一层都要有合适的网络系统。

（三）信息传输响应速度的要求

不同类型和特性的信息要求传送的时间差异很大，其具体内容如下：

1. 经常传输的监视信息

为监视变电站的运行状态，需要传输母线电压、电流、有功功率、无功功率、功率因数、零序电压、频率等测量值，这类信息需要经常传送，响应时间需满足 SCADA 的要求，一般不宜大于 1～2s；为计量用的信息，如有功电功率和无功电功率，这类信息传送的时间间隔可以较大，传送的优先级可以较低；为刷新变电站的数据库，需定时采集断路器的状态信息，继电保护装置和自动装置投入和退出的工作状态信息，可以采用定时召唤方式，以刷新数据库；为监视变电站的电气设备的安全运行所需的信息，例如变压器、避雷器等的状态监视信息，变电站保安、防火有关的运行信息。

2. 突发事件产生的信息

在系统发生事故的情况下，需要快速响应的信息，例如事故时断路器的位置信号，这种信号要求传输延时最小，优先级最高；正常操作时的状态变化信息（如断路器状态发生变化）要求立即传送，传输响应时间要小；自动装置和继电保护装置的投入和退出信息，要及时传送；故障情况下，继电保护动作的状态信息和事件顺序记录，这些信息作为事故后分析事故之用，不需要立即传送，待事故处理完再送即可；故障发生时的故障录波、带时标的扰动记录的数据，这些数据量大，传输时占用时间长，也不必立即传送；控制命令、升降命令、继电保护和自动设备的投入和退出命令、修改定值命令的传输不是固定的，传输的时间间隔比较大；随着电子技术的发展，在高压电气设备内装设的智能传感器和智能执行器要和自动化系统单元层的设备交换数据，这些信息的传输速率取决于正常状态时对模拟量的采样速率以及故障情况下快速传输的状态量。

3. 各层次之间和每层内部传输信息时间的要求

为了确保整个自动化系统的信息快速、有效、准确地传递，必须对其信息的传递速度有所要求。下面是各个层之间的速率要求：

（1）设备层和间隔层，1～100ms；

（2）间隔内各个模块间，1~100ms；

（3）间隔层的各个间隔单元之间，1~100ms；

（4）间隔层和变电站层之间，10~10000ms；

（5）变电站层的各个设备之间，<1000ms；

（6）变电站和控制中心之间，<1000ms。

第五章　电力系统自动化的应用

第一节　电力系统自动化的基本理论

一、基于 PLC 的电力系统自动化

电力系统设计成为电力工程自动化设计的重点，也是电力系统是否能够正常运作的重点，是未来电力发展的方向和目标。因此在电力工程中将系统自动化设计水平有效地提高是电力行业今后发展的关键，能够在最大程度上降低成本以及节省供电资源，在确保电力系统安全的基础上，还能够根据以往的经验进行总结，并且有效提高。

随着社会的飞速发展，电力供应已经成为社会发展的关键，对国家经济的发展起到促进的作用。PLC 的电力系统自动化设计就是指可编程控制器对电力系统自动化设计，对国家电力行业的生产都有重要影响，因此，为了节约耗电能源，引进 PLC 的电力系统自动化设计是目前最为有效的电力压力的解决措施。

（一）PLC 概述

PLC 是指可编程控制器，在现代电力系统中属于新型的控制类型装置，是在计算机技术基础上展开的。我国国际电工委员会对 PLC 有明确的定义，其中确定 PLC 是一种电子装置，是根据大规模的集成电路技术以及生产工艺制成的，PLC 内部本身就具有较高的可靠性，在工作期间能够保持无故障。PLC 有自我检测的功能，在硬件出现故障时能够报警以此保证系统的可靠性。PLC 电力系统的自动化设计将会是我国电力系统的突破，能够在完善功能的同时还能够节省供电资源，在保证资源环境的同时还能够保证系统安全，电力系统安全与否决定是否能够顺利运行，它能有效地解决电力以及电压带来的压力。

（二）基于 PLC 的电力系统自动化设计

1. PLC 电力系统硬件部分的设计

在本次的硬件部分设计过程中，将对四个部分进行详细分析，其中有：控制面板的设计；互感器的设计；判别检测电路的设计；模块分析。以上四种设计都是在 PLC 电力系统中重点应用的。

（1）控制面板的设计

在控制面板的设计过程中要求操作简单方便，并且控制面板能够具备功能齐全的特点，在设计功能上大概分为以下几点：①显示电压以及电流功率因子；②显示投切状态；③显示理想功率因子的范围，外壳是控制面板的主容器，其中还包含电网状态 LED 显示、电容器投切状态显示以及按钮。

（2）互感器的设计

工作站物理模型：中开发板、相机、扫描枪处于装配人员的对侧，从而不干涉生产线的正常生产，按键开关与工人处于同一侧，方便装配人员使用，气缸位于流水线下方，光电开关分别固定在流水线两侧。

（3）判别检测电路的设计

在电路设计过程中相位差最为常见，主要是指电压超前以及滞后时电流的差值，因此在设计过程中要对电流的大小以及电流超前、滞后都要进行测量，测量时要输入同频率的信号，能够在两路信号频率相同时再进行测量，并且要采用周期数取值的形式进行精度的提高。

（4）模块分析

模块由中央处理器模块以及模拟两输入接口模块组成，其中模拟量输入接口模块有较多的类型以及各种范围，但不论是哪种形式的模块，除了电路不同外，内部的构造都是一样的，位数越多就要选择位数较多的模拟量模块进行分辨，在电压输入输出的过程中利用高精度的模拟模块进行调整，以此保证范围，而中央处理器模块起到核心的作用，按照 PLC 的系统程序进行储存，扫描现场数据存到中央处理器中能够判断电路工作中出现的错误等。

2. PLC 电力系统软件部分的设计

这里对 PLC 电力系统软件部分三点设计进行分析，分别是：投切部分；A/D 转换部分；PLC 编程器部分。

（1）投切部分

在进行电力系统电压划分的过程中，应当选择最好控制的顺序以及电压设备进行无功电压的进入。电压的控制范围应当按照逆调压的原则，当变压器超过电压曲线的规定范围以及允许的偏差范围时，就要根据相关偏移量进行投切指令以及变压器中的指令的整定，以此保证调整电压以及无功潮流的效果。其运作流程是，系统采集数据，电压分析模块以及无功分析模块，形成变压器分结构指令或是形成电容器投切指令后判断是否能够投入或切除电容，安装报警装置，最后控制中心执行指令。

（2）A/D 转换部分

A/D 转换部分一般是由 10 个输入点或是 11 个输入点，输入点分为 1：相位判断开关，2~4：电压以及电流功率的开关，5~6：上下限预设开关，7~8：加减 0.1 按钮，9~10：加减 0.01 按钮，输出点一般分为，1~4：电容器的投切显示，5：报警器开关，6~7：LED 显示开关，8~114：组电容器投切动作以及续电器的开关。

（3）PLC 编程器部分

在 PLC 编程器的设计过程中，一般采用 Fx-10P-E，Fx-10P-E 就是手持式编程器与 PLC 相连接，以此满足程序的写入以及监控。Fx-10P-E 的主要功能是，读出控制程序、编程或修改程序、插入增加程序、删除程序、监测 PLC 的状态、改变监视器件的数值以及其他简单的程序。Fx-10P-E 的组成部分是由液晶显示器以及橡胶键盘等，该键盘与其他键盘不同，其中有功能键、符号、数字以及指令键，当 Fx-10P-E 与 FX0 PLC 相连接时，采用 FX-20P-CAB0 电缆，与其他 PLC 连接过程中则需要采用 FX-20P-CAB 类型的电缆 Fx-10P-E，手持编程器一般都是由 35 个按键组成。

在我国全面发展中，电力企业已经成为发展的重点，而在电力企业的发展中，PLC 也就是可编程控制器的电力系统自动化设计对电力工程有着重要的影响。因此，只有完善 PLC 电力系统的自动化设计体系才能够促进电力事业的发展，在今后应当制定合理的计划方案，做好预测以及分析，合理地将电源进行分配，以此促进我国电力行业的发展。

二、电力系统自动化与智能技术

（一）电力系统自动化中智能技术的应用

由于受到各种客观条件的限制，我国电力系统自动化技术的发展同样受到了限制，存在着各种各样的问题。近年来，智能技术被应用到电力系统自动化在内的各个领域，其控制系统理论深入到电力系统自动化的控制、调度、管理中。

智能技术在电力系统自动化中的应用包括：专家系统控制、线性最优控制、神经网络控制、模糊控制、综合智能控制系统。

1. 专家系统控制在电力系统自动中的应用

专家系统控制，因其特殊的性质，决定了它在电力系统自动化中具有非常重要的位置。它的系统内部含有包括电力系统在内的多个领域的高水平研究人员，集他们的经验与知识于计算机程序中，模拟人类的方法解决实际问题。

专家系统控制在电力系统自动化的主要作用是快速识别系统的警告状态，及时做出对应的紧急处理，保障电力系统正常运行。由此可以说，专家系统控制的智能技术大大提高了电力系统自动化的水平。

2. 线性最优控制在电力系统自动中的应用

线性最优控制是目前世界上在电力系统自动化方面应用技术最成熟、最广泛的一个智能技术理论。它是现代电力系统自动化的经典理论，应用十分广泛，尤其是在型机组和水轮发电机自动控制系统中。线性最优控制是通过计算局部线性模型来实现的，为电力系统控制中实现最优配置提供了经验。但由于电力系统本身存在的问题，它的应用还是有一些问题。为此，我国应大力培养这方面的专业人才，着力解决好这些存在的问题，进一步将智能技术应用到电力系统自动化中。

3. 神经网络控制在电力系统自动中的应用

神经网络控制，又称神经控制。它最早提出的时间是在 1992 年，首次使用则是在 1994 年，在电力自动化控制系统中起到了非常关键的作用。它主要是为了攻克一些难以用语言描述出来的非线性难题，通过神经网络系统科学，严谨地建立模型来解决。

神经网络控制具有非线性特点，并行处理能力强，因此在供电系统内运用广泛，在实际运行中需重视“权值”这一概念，该控制系统能否最大程度地发挥作用，直接受学习算法调节“权值”的影响。除此之外，神经网络控制还需要一些硬件设备作为支撑，这需要国家对我国的电网部门给予一定的财政的支持，让其能够购买所需设备并进行定期的维护和检修。

4. 模糊控制在电力系统自动中的应用

模糊控制方法是相对于其他几种而言比较简单而且容易掌握，它的难点主要集中于模型建立方面。模糊控制是一种非线性的控制方法，是现代电力系统自动化中比较常用的一种方法，这种方法更贴近人们的日常生活，如一些家用电器内部电力系统就有应用。

近些年来，这种控制方法发展非常迅速，一度成为电力系统自动化中最为活跃的一种方法，它在电力系统自动化应用中的关键在于各种数据指标的确定。只有确定好这些具体指标，模糊控制才能最大限度地发挥作用。

5. 综合智能控制系统在电力系统自动化中的应用

智能技术在电力系统自动化中的应用或多或少都会有一些其自身的弊端，解决好这些弊端，需要扬长避短，将不同的智能技术理论综合应用在同一个电力系统中，各自发挥自己的优势。目前，综合智能控制系统的应用还未十分成熟，但不少专业人士表示其内在潜力巨大，未来随着科学技术的不断进步，将会一步一步地迈向成熟，使得智能技术在电力系统自动化中的应用上升一个台阶。

（二）电力系统自动化中智能技术应用的未来发展

1. 人机结合，智能检测故障

智能技术在电力系统自动化中的应用还存在一些局限，它在出现问题与故障时，主要是依靠各线路故障诊断，不能大范围地覆盖到整个电力系统。这对于整个电力系统的发展是非常不利的。但是，随着人工智能的发展，人机结合成为一个新的选项，把专业人才的经验技术与计算机网络的高效运用相结合，达到自动化控制的目的，对电力系统领域无疑是正确的选择。人工智能诊断技术的有效实施，可以排除大范围的、整体性的电力系统故障，然后在出现问题的时候做单个的、单过程的处理。

2. 实时不间断监控

故障的发生是不可避免的，如何降低故障发生的概率才是电力系统的专业人才和专家需要研究的。实时监控技术就是通过有效的、科学地分析、监管以及控制电力系统的数据，来达到监控的目的。电力系统是一个复杂、动态的系统，一旦出现故障，可能影响其他部分的正常运行，甚至导致部分系统崩溃，做好实时不间断地监控就显得格外重要，它不仅可以有效地降低故障的概率，还可以降低单位或个人由于故障发生而产生损失，有效地提高社会效益和经济效益。

社会的快速发展和大量实体经济的出现，给电力系统带来不小的压力，通过上面的分析，智能技术应用到电力系统自动化中是缓解这一问题的有效方法。现在，世界各国的专家学者均在积极探究如何更全方位地将智能技术应用到电力系统自动化中，进一步解决当前电力系统中存在的问题。在未来，智能技术在电力系统自动化中的应用会更到位，更能满足不同人群的需要，进一步带动经济社会的发展。

三、电力系统自动化的维护技术

（一）加强电力系统自动化维护的现实意义

在供电系统当中如果出现电力系统自动化维护问题，会严重影响电力网络的稳步运行，因此，做好电力系统自动化维护工作特别重要。由于电力系统自动化的快速发展，电力市场需求量逐年增加，通过对电力系统自动化进行有效的维护，能够提升电力系统的安全性，更好地保证电力网络建设的质量。

电力系统自动化是电力网络逐渐向信息技术自动化过渡的核心标志，对电力网络系统的发展影响较大，合理运用电力系统自动化技术，能够保证电力网络管理质量得到显著提高，进一步降低电力系统运行管理成本，提高电力企业的市场竞争力。在当前阶段，电力系统自动化运行环节在数据处理方面仍然存在一些问题，要想推动我国电力行业的快速发展，有关部门还要加强电力系统自动化维护力度。

（二）电力系统自动化组成分析

1. 变电站的自动化

电力系统自动化当中，变电站自动化主要是利用先进的计算机技术、电子技术与通信技术，与变电站当中的二次设备进行组合处理，经过优化设计之后，保证变电站的各项功能得到更好发挥，对变电站内部的各项设备进行全面监控与协调。变电站自动化技术是电力系统当中的核心技术，对它的有效运用，能够保证其运行效率得到更好提升，降低电力系统维护成本，真正达到提升电力行业经济效益的目标。

2. 系统调度的自动化

最近几年，由于社会的飞速发展，电力需求量不断增加，推动了电力行业的快速发展。同时电力系统自动化技术也面临众多的挑战与机遇。电力系统调度自动化技术，主要以电力系统所收集到的各项数据信息为核心，帮助有关人员对电力系统进行科学调整，进一步提升当前电力系统运营的安全性。电力系统调度自动化对电力系统自动化影响较大，能够保证电力自动化系统更加安全可靠。

3. 配电网的自动化

电力行业发展过程当中，配电网控制主要依靠手工进行，使得电力系统的各项功能无法充分发挥。但是，伴随研究的不断深入，自动化技术应用前景广阔，配电网自动化范围比较广泛，这涉及多项软件，是配电自动化当中的基础与常规的孤岛自动化。相比较来说，利用信息技术的配电网自动化其功能更加全面，智能终端数量巨大，通信技术更加先进。结合我国当前配电网落后现状，通过提高配电网建设水平，有关部门可以采取分期或分批维修措施，对既有的配电网自动化进行大力完善，进而保证我国配电系统资源得到高效利用。

（三）电力系统自动化的维护技术研究

电力工程是我国重要的基础设施工程，对国民经济的稳步发展影响较大，在新形势下，建设电力系统自动化体系，能够保证电力系统的可靠、安全运行；电力系统自动化维护水平的提高，能够降低系统发生大规模运行故障的概率。

1. 利用接地防雷系统进行维护

做好电力系统自动化维护工作对电力行业未来发展影响深远，因此，在电力系统自动化维护环节，有关人员要保持严谨态度，并采取合理的防护措施，选择具有性能较好的避雷设备。相关人员在接地防雷的过程当中，要了解电阻和电压之间的关系，并结合接地电阻值大小，采用不同方法，适当降低电阻值，保证电压控制效果得到更好提升。

此外，电力系统有关部门在维护电力系统自动化时要遵守综合治理原则，结合电力系统自动化的运行特点，包括防雷系统的结构特点，有序开展各项工作，将避雷装置有序地安装在变压器旁侧，利用高低压进行科学安装。避雷装置安装结束后需要对其进行接地处理。

2. 运用太网远程技术进行有效维护

利用太网远程技术进行维护，主要是依靠光纤收发器，包括太网网卡，形成光纤通道，利用运行效率比较高的光纤通道，进行电力系统自动化维护工作。在此种维护模式下，不但能够获取比较高的网速，而且能够保证不同网络之间的点与点实现有效连接。对于电力企业来讲，要充分了解太网所具备的优势，并将其妥善运用到计算机软件当中。可以将电话拨号与太网技术有效结合，有效提高电力系统自动化维护水平。

3. 利用电话拨号远程技术进行维护

在电力系统远程维护方案当中，电话拨号远程技术较为常见，由于其具备较多优势，而且操作更加便捷，能够有效地降低电力系统的运行成本，故作为一种常见的电力维护技术。但是，电话拨号远程技术也存在缺点，其维护速度比较慢，因此，如何解决这一问题，克服这一缺点是攻关难点之一。

电话拨号维护工作主要分为以下几种：

（1）做好振铃遥控电路处理工作。在电话拨号原理的基础之上，有关人员需要设置驱动遥控体系，用户在使用前，需要将用户有权使用信息进行科学的设置，如果用户在使用的过程当中出现故障，则能够及时发出信息，信息被维护系统接收后通过对信息进行综合对比，在驱动系统指导之下，对电力系统自动化进行全面维护。

（2）加强手机短信遥控。通过构建驱动遥控体系，在之前设置好的用户信息使用权基础上，结合用户使用权所发出的短信故障信息进行有效维护。自动维护系统当中的故障信息内容和系统当中的故障进行科学比较，若两者内容相符，则可以驱动遥控电路，主动完成自动化维护工作，并对故障信息进行有效的回复。

（3）提高 DTMF 拨号遥控。此项技术在电话拨号远程技术之中应用较多，主要以 DTMF 信号为基础，在此组信号当中，将其分成两组，高音组与低音组，每个组别当中包含四个不同的音频信号。但是，各个不同的音频信号之间禁止随意组合。上述音频信号组合成信号后，若有权用户进行拨号验证，系统能够按原来设置的 DTMF 编码进行有效遥控，保证电力系统实现自动化维护。

（4）告警信息的采集和网传。单片机电路作为告警信号采集和回传的核心，在单片机电路当中可以和不同的传感器有效连接，传感器也可以利用上沿和单片机电路有效连接，如果接到告警信息，该信息会通过电路一直传达到系统主机，或是传到维护站点当中，提升告警信息的处理水平。

综上所述，通过对电力系统自动化的维护技术进行全面分析，例如利用接地防雷系统进行维护、运用太网远程技术进行有效维护、利用电话拨号远程技术进行维护，等等，能够保证电力系统自动化维护水平得到进一步提高，降低电力系统出现大规模运行故障的概率。

四、电力系统供配电节能优化

近年来，社会经济呈现出飞速发展的趋势，人们的生活质量也随之提高，这也对高质量的电力提出了更高的要求。优化高负荷的电力输送加重了我国电力事业的负担，为了确保能够满足我国电力行业的发展要求，应该做好电力系统供配电设计工作，将节能优化融入电力系统供配电设计工作中，以促进节能技术及方法的优化，降低供配电企业能源损耗量，确保电力企业能够在发展过程中创造出更大的经济价值，为我国电力行业的发展做出突出的贡献。

当前，电力行业为了能够适应当前社会的发展要求，为了确保电力系统的健康运营及发展，以降低供电配系统的电能，解决电能供求紧张的问题，确保电力行业的发展能够与当前生态社会发展要求相适应。因此，要求电力企业需要对产业结构进行优化调整，完善相关的设施及节能技术，展现出供配电系统的高效性、节能性，确保能够为电力行业的发展创造出更高的经济效益。

（一）电力系统供配电节能优化的意义

在企业的生产中，供配电系统直接关系到企业的发展。国家的工业化要想取得持续的发展，需要将电力系统供配电节能优化作为一项重要的工作任务。为了能够促进供配电系统的发展，需要将电能消耗作为一项重要的作用内容，以完成对电能供求关系的有效调整，以达到节约电能的目的，确保企业各项生产及工作的高效实施及开展。

因此，为了促进电力系统供配电的节能优化，需要从企业的角度进行分析，以完成对用电费用及购电成本的有效控制。另外，为了确保电力系统供配电节能的合理性及优化性，在进行节能标准制定时，应坚持方便化、节能化及规范化原则，对用电设备进行优化处理，对生产工艺进行改进，促进企业产业结构的优化。还需要在电力模式中运用供配电系统节能优化概念，以进一步促进电网结构的优化。

（二）影响电力系统供配电节能因素

1. 电压等级

在对电压等级进行设置时，应在严格按照电气系统中对电量需求要求的基础上，确保额定电压级别设计的合理性。一般来说在电力系统中各点处的电压均会出现与额定电压相偏离的情况，需要将偏离的幅度设置在合理的范围内，以确保电力系统本身及电力设备运行的安全性。

2. 变压器

在供配电系统节能中，应优化选择配电变压器。空载损害是影响配电变压器正常运行的主要问题，发生的部位为铁心叠片的内部位置处，经内部铁心交变的磁力线会出现涡流及磁带，进而引发损耗现象。

3. 供配电线路选材及布线

影响供配电系统的节能及外耗的因素与供配电线路的布线及选材有直接关系。将电缆及导线作为供配电电路选择是一项需要重点考虑的内容。在进行电路布线的选择上，选择的内容包括优化负荷位置、内部线路布线、变电所选址等。

（三）电力系统供配电节能优化策略

1. 合理选择节能变压器

供配电系统电力运输工作是影响电力系统正常运行的主要条件，对应的变压器是影响电压成功转换的主要原因，在进行节电变压器选取时，应根据电力的实际输送情况来决定，完成对企业资源的集约化运用，确保电力企业在实际的发展过程中能够创造出更高的经济效益，为我国电力生态经济的持续及稳定发展提供依据。

为了确保选取的变压器能够符合当前企业的应用需求，需要将节能变压器作为优先选取的对象，例如，当前市面上应用较广的变压器为 S10、S13、S15 等型号的变压器，以上几种变压器在实际的使用过程中展现出了良好的节能功能，对降低变压器的空载损耗发挥了重要的作用。另外，工作人员还需要根据电力系统实际的运行情况，对变压器的数量进行合理选择，优化设计电力系统供配电，根据变压器的不同负荷特性，对电负荷的使用进行科学的分配，确保不同变压器能够实现可靠的运行，以降低变压器运行过程中的能源损耗量。

2. 合理布置供配电线路

为了提升电力企业供配电线路设计的合理性，要求电力企业中的工作人员应根据电力企业现阶段的实际发展情况及供配电线路的使用条件，以确保铝、铜等不同材质的导线选择的合理性。

基于实际的应用情况，铜芯电缆与其他材质的电缆相比在电能传输上展现出了较高的使用优势，对降低电能损耗，确保电力企业各项工作的顺利开展提供了条件。但是铜芯电缆的成本较高，在进行导线选取时要求供配电线路配置人员需要从全局角度出发，对供配电线路进行合理设置，以避免产生迂回供电情况。另外，在进行配电电路布置时，需要根据供电场所的实际情况有针对性地进行布置。例如，在进行低压电路设计时，需要将供电的半径控制在 200 m 以内。一旦供电的距离比常用范围大时，电力企业可通过增加一级电路电缆截面的形式来达到降损节能的目的。

3. 提高供配线系统功率参数

为了优化电力系统的节能，需要将提升电力系统的功率因数作为主要出发点，确保电网功率的损耗能够大大降低。变压器及电动机作为电力系统中的重要构成设备，本身具有电感性，是引发滞后电流产生的主要原因，进而引发配电系统中的线路电量出现严重的损耗。基于以上情况，要求电力企业中的技术人员在进行用电设备选取时，应以高功率的用电设备为主，为了能够将用电设备中所携带的电感性消除，需要对用电不畅的电容器进行合理的设置。由于供配电系统中的静电电容器会产生无功电流，无功电流本身在提升功率及补偿滞后电流损耗中会产生重要的作用。因此，要求电力企业中的供配电系统设计人员，应做好节能优化设计工作，并根据现阶段供配电企业中的实际发展情况、合理选择补偿方式，补偿方式包括成组低压补偿、集中高压补偿及分散低压补偿等。

4. 合理使用节能照明设备

电力企业在进行供配电系统设计时需要在节能优化理念下进行，以确保节能照明设备选取的合理性，能够满足人们日常生活的最基本需求，促进照明质量的提升，降低照明能源损耗量，促进电力企业节能效果的提升。另外，要求电力企业中的工作人员应优化设计供配电照明系统，优化利用自然资源，合理利用自然光，将照明设备与自然光所提供的光源有机结合起来，以降低照明设备能源损耗率，如果自然光线充足，则无须打开照明设备。另外，电力企业的配供电系统设计人员在对照明设备进行设计时，应结合实际的采光要求来完成对不同灯光强度的有效调节，以降低电力企业的能耗量，为电力企业的稳定及持续运营提供条件。

5. 建立配电设计数据库

由于电力系统运行过程中包含大量的电力数据，电力系统需要做好电力数据的整理、收集及存储，确保能够将配电设计数据库的优势充分地发挥出来。为了提升电力监控系统运行效果及质量，电力系统会采集到所有的电力数据，并将其存储到数据库中，由于数据库本身具有较强的功能性，在实际的应用过程中能够实现对不同类型数据的分类及处理，完成对数据信息的有效管理，能够将数据库中的信息提供给一些对数据信息有需求的用户，用户为了能够获取到自己需要的数据信息会自行对数据进行检索：通过建立配电设计数据库，促进了用户处理工作效率的提升，实现对数据的规范化及科学化管理，确保数据管理的精准性，为数据信息能够更好地在电力企业中应用提供便利。

电力企业要想得到良好的发展，需要将配电系统的节能优化作为一项重要工作内容，意识到节能是促进企业持续发展的重要因素。要求电力企业中的配线系统设计人员应根据现阶段电力企业的实际发展要求，合理选择节能技术及节能设备，促进供配电系统功率因数的提升、电力系统照明设置的优化，降低电力系统中的能源损耗量，对企业的成本投资进行有效的控制。

五、电力系统强电施工研究

（一）电力系统强电施工程序规范

强电施工系统是一个重要的工作内容，能够把握好强电施工工作的每个环节步骤，进行规范操作，才能保证工作内容的顺利开展，才能从根本上保证作业内容的质量。在强电施工开始前，首先就是要结合具体的实际情况，绘制出一幅符合要求的图纸，并且需要对图纸上的各个内容进行充分的探讨，熟练地掌握图纸上的工作内容和要求，完成对图纸内容的审查工作，并且要严格按照图纸上的实施步骤，按部就班地开展工作，保证每项工作环节都是符合要求且有质量保证，在工作过程中，还要对预留信息进行考虑，清楚了解预留信息上的各个要求标准以及内容，这样才能进行完善的工作。一定要按照要求说明去实施，同时在操作过程中，要把强电和成电分开，避免安全事故的发生。还要保证施工人员的专业水平是可以进行施工操作的，对于各个材料的质量要严格把控，在工作结束后还要进行检验工作，保证工作的有效性，避免工作中各个不稳定因素对于强电施工工作造成不必要的麻烦。

（二）强电施工的技术层面

（1）强电施工中要考虑电缆管预埋工作，在一些像潮湿、灰尘遍布的环境下，需要能按照线管排列的要求去完成，保证在施工过程中线管的完整性，避免环境的影响太大，进行预留预埋工作，需要加强工作设备的考察，要按照要求使用设备，这样才能利用保护好设备。还需要保护好线管的对接内容，线管在预留预埋中关键的零部件需要满足抗腐蚀等方面的要求，还要考虑到价格实惠的问题，铺设时也要按要求，减少不必要的损失。

（2）电线导入过程中要严格保护电线，避免损坏，还要清理电线管道的杂物，降低使用过程中的摩擦频率，减少摩擦带来的损失。管内穿线的技术要求较高，要保持管道的顺利传输功能，对于弯道等问题要合理解决，并结几根电线在中间，对于不同电线要区分清楚，防止弄错导致的危险。

（3）电缆使用前要做好检查工作，对于电缆使用要进行实验操作，达到标准后才能投入使用，在使用时也要按要求设置，避免错综的现象的发生，工作要按规律进行，还要加强防护措施。

（4）配备的电箱也是强电施工中的重要内容，电箱等设备要按照具体的标准要求去安装，对于各个环节的设置问题也要符合要求，保证工作的顺利实施。

（三）电力系统强电施工的优化

1. 通过现代科学技术对强电施工进行监管

管理人员能在后台对于各种信息进行实时的掌握，保证信息的及时传递，能有效地管理相关工作。强电施工小组也要合理分配，对于各项内容最好做好记录，并且通过监管设备掌握现场的情况进行动态化的管理。让工作人员能在后台对于处理现场情况进行施工安排。通过通信科技的发展，让整个强电施工处于科学管理的状态，对于各项工作能合理配置，提高工作内容合理规划的能力，使得施工工作能在做好基本内容的同时严格管理，减少管理失误，提高工作效率。

2. 能做好相关工作人员的技术水平提高工作

虽然强电施工工作人员的基本要求就是要有相关职业资格证书，需要掌握相关技术，了解施工内容，但是每个人的水平参差不齐，随着时间的推移，要更新工作人员的技术水平，做到与时俱进。要根据现实提高专业技术能力，走在超前的位置，就要结合工作人员的具体工作情况以及每个人的成绩表现，对施工人员进行技术提高的培训，保证施工人员的专业技术资格，提高项目实施的质量和效率，为整个强电施工的工作提供保障。

3. 要提高相关行业，例如各类零部件、施工材料的部门的做工水平

在强电施工中使用的各类设备、零部件不在少数，要想保证强电施工项目的工作质量，就要从基本内容的解决着手，提高相关使用材料的质量水平，从根本上解决安全隐患。延长材料的使用年限，同时又能控制价格要求，才能真正地投入大范围的使用，相关设备的使用也要满足长期使用的要求，能够高效地完成任务目标，确保不耽误强电施工的工作进程，为人们的供电提供更好的质量保障，才能为国家的发展提供强有效的支持。

六、电力系统规划设计研究

（一）现阶段电力系统规划设计的主要内容

对于电力系统的设计来说，受其自身的性质影响，属于一个不断深入发展与探索的过程、因此，在设计前期应进行合理的系统规划，明确其实际的设计内容，并制定好完善的电力系统长期发展计划与短期发展计划，合理地对当前的单项电力工程进行指导，并为后续的工程开展提供重要的理论依据，奠定良好的基础。具体来说，当前的设计内容主要包括以下几方面：

1. 进行区域电力负荷预测

通常情况下，对电力工程区域内的电力负荷要进行有效的预测与分析，并进行合理的分析预测。其主要的内容是以当前的区域经济运行为基础，参照近年来经济发展的主要趋势，对该区域的最大负荷进行逐年预测，明确其电力工程建设的必要性。在预测分析过程中，主要包括当前的在建工程、已建工程以及规划工程，灵活应用当前的序列预测法、模

糊控制理论，对电力系统的布局进行详细的分析。例如，当前电力电源主要包括两部分：一部分是地方电源，主要是指当前区域的小电站以及企业自身的发电机组；另一部分是统调电源，主要是指当前由电网进行统一规划的大型发电厂。对于不同的电源来说，其自身的出力情况不同，需要对其进行详细的分析，以满足当前的需求。

2. 电力电量平衡

电力电量平衡是当前电力系统规划设计的重点内容，直接发挥出约束的作用，因此，应积极对该因素进行分析，并以当前的电源处理与电力负荷为基础进行分析，在不断的优化发展过程中，通过合理的预测明确当前系统自身的最大负荷。结合电源的出力，获取电力电量的实际盈亏，确定当前电力系统的变电与发电设备容量，满足当前的需求。

3. 接入方案分析

电力工程在设计过程中接入何种有效的方案直接影响电力系统自身的实际运行效率，因此，应积极进行合理的方案分析，以满足当前的需求。以当前工程自身的网络特点为基础，进行合理的创新分析，明确当前负荷的分布，加强对电网进行规划，并结合当前国家政府部门的实际审批意见，综合对当前的电力工程分布进行方案分析，尽最大可能地节约成本，降低能耗，降低设备升级带来的压力，促使电力设计规划有效地进行。

4. 进行合理的电气计算

在进行电气计算过程中，工作人员应首先对当前电力网络中电压分布与功率进行计算，并以此为基础，明确当前的系统运行状态，进而对各个器件的实际运行要求进行分析，满足当前的需求，为后续的继电保护装置的运行奠定良好的基础。积极对电网的各个节点的损耗与电压进行计算，并明确其实际的数值，分析系统实际的稳定性与可靠性，对容易出现问题的环节加强管理，为后续的维护与检修工作奠定基础。系统的稳定性能计算主要包括暂稳态计算、频率稳定计算以及电压稳定计算等几个部分。明确各方案自身的实际运行参数，促使工作有效的开展。短路计算的主要目的是明确各支路的短路电流，而无功补偿计算则主要是解决当前电力系统中由感性负载引起的损耗，通过合理的计算获得最合理的系统设计方案。

（二）电力系统规划设计工作要点

现阶段，随着我国经济的繁荣发展，人们对于电力的需求不断增大，不仅仅是在供应的稳定性上有新的要求，更注重对质量的提升。由于电压的不断升高，我国电网规模不断扩大，电力消耗逐渐增加，只有不断地对当前的电力技术进行有效的创新，才能满足当前时代的需求。对于电力工程设计来说，需要其以当前准确的相关数据为基础，并利用数据对当前的工程实际施工进行指导，保证工作有效的开展，基于此，应明确以下几方面的工作要点，以提升设计质量。

首先，积极进行合理的调研，在电力系统规划设计工作开展前期，工作人员应积极对该地区的负荷情况进行合理的调研，对相关的数据信息进行收集。例如，明确当前发电厂、电力线路、变电站及其他环节的地理信息布局，同时加强对电厂自身的容量技术参数进行分析，了解该地区系统运行的相关材料，保证工作有效地进行。积极对当前电力系统最新的设计规范进行资料更新，积极对工作人员进行培训，促使其具有良好的专业水平与能力，为项目的运作与开展奠定良好的基础，提升规划设计效率。

其次，积极进行有效的准备工作，尤其是在当前的电力系统规划设计工作开展初期，电力设计单位应深入了解当前电网的实际情况，通过对该区域电力系统的运行数据材料进行整理与分析，加强对企业内部的发展进行了解，明确实际的经济发展方向，通过合理的规划，保证当前电力系统规划设计与当前的实际计算数据相符合，进而提升规划设计工作的准确性。

最后，进行有效的电力系统规划设计计算，通过对当前现有的资料进行整理与分析，积极对电力系统的浪涌与潮流进行计算，保证计算数据的准确性。同时，通过各支路的短路电流计算结果明确当前系统进行无功率补偿量，并以此为基础，分析出电力系统自身的规模性、可靠性、经济性、实行性以及系统性，进而为当前的电力系统规划设计奠定良好的基础，满足当前的需求。

综上所述，在当前的时代背景下，人们对于电能的需求不断提升，尤其是对于电能的质量要求越来越高，只有不断地对当前的技术进行创新，才能保证电力系统设计规划符合当今时代的要求。因此，电力从业人员应积极对当前的电力技术进行学习，提升自身的专业能力，并不断借鉴国外先进的经验，促使我国电力事业稳定发展。

第二节　电力系统自动化的实践应用

一、如何提高电力系统自动化的应用水平

（一）不断提高变电站的自动化技术水平

第一个改进策略就是要不断地提高变电站的自动化技术水平。变电站是电力系统中关

于电的分配和运输的重要组成部分之一，其主要作用是将获得的电能进行重新调节以及分配。当自动化技术应用在电力行业中，电力系统自动化技术一直都是我国科研人员研究的重点，我国的变电站有上万座，既能提高变电站的电力输送速度，也能提高自动化技术的水平。但是针对实际中存在的一些问题还要进行积极的改进，不能受到传统发展观念或者模式的限制。为了更好地提高电力系统自动化方面的技术，需要从多方面进行全面的改善。首先，需要加强相关方面的人才培养，企业要加强与高校之间的联系和配合，培养专业性、技术型人才。最后，要不断完善相关方面的管理制度，有效地改善目前的这种状况。其次，还要加强对相关管理人员的培训，让他们对电力行业自动化方面有更多的了解。

（二）不断提高电力系统调度自动化技术水平

第二个改进策略就是要不断地提高电力系统调度自动化技术水平，其中电力系统自动化系统通常指的是电工二次系统，就是指电力系统自动化采用多种具有自动决策、检测以及控制功能的装置，并通过信号系统与数据传输系统针对电力系统的局部系统、各个元件或者是全系统进行就地或远方自动监视、调节、协调与控制，从而确保电力系统在安全稳定健康中运行。这不仅需要高科技，同时对专业性人才的需要也要大大提升。在进行改进时，可以通过工作的实时监督，对于实际工作中存在的一些问题及时发现，及时改进。

（三）不断提高配电网自动化技术水平

提出的第三个改进策略是就要不断地提高配电网自动化技术水平，如何提高配电网自动化技术水平，仍然需要从技术方面进行考虑。首先，配电网自动化是推动电力系统自动化应用水平提升的关键组成部分，所以要从技术和管理方面进行积极的改进。其次，要不断提高配电网自动化的技术水平，不仅需要对相关方面的人才提出要求，还要对企业的技术研究人才提出更高的要求。再次，需要不断完善相关方面的管理制度，对于相关工作人员既要进行政策上鼓励，还要对技术型工作人员提出一定的责任要求。

二、电力系统自动化的计算机技术应用

（一）电力系统自动化中的计算机技术

1. 电力一次设备智能化

在电力系统设备的安装过程中可能会出现一系列的问题，一方面，因为在一般情况下

设备的预设安装地点和实际安装地点的距离可能会比较远，另一方面，这些设备之间的连接还需要一定的电流控制电缆和电力信号才可以完成。在电力运行的具体过程中就会发现连接和通信工作会耗费大量的电力资源，电力一次设备的作用主要是保护正在使用中的二次设备免受破坏，并且能够将测量功能也集成在一次设备之中。这一过程的实现可以在很大程度上减少二次设备的资金投入，因为二次设备可以通过一次设备来完成相应的运行工作，这样不但可以节省大量的控制电缆和信号线，还可以降低使用和维护工作的成本。

2. 在线状态的检测

在电力系统中一些需要检测的设备都是固定的，主要包括了一次设备中的变压器和发电机以及汽轮机等的检测。信息技术的检测最大的好处就是可以让这些一次设备在在线的状态之下就可以完成检测工作，这样也方便对于一次设备运行情况的整体把握，而且在掌握了一次设备的整体情况之后就可以对检测到的设备信息进行有效的分析，以便能够准确地判断一次设备之后的运行状况。具体工作就是排除掉一些设备运行中出现的故障之后采取相应的措施来提高一次设备的使用寿命和运行周期。

3. 电力互感器

电力互感器的使用主要就是为了让高压电在输电线路中可以按照一定的标准来降低自己使用的电流值，这也就是一个变电的过程。一些电压在实际的应用过程中往往等级比较高，所以对于相应的绝缘体的电阻要求也就比较高，而且设备的体积和质量也必须符合具体的要求。一旦发现信号动态的范围缩小的话很有可能就会造成电流互感器的电流出现过于饱和的状况，这样的话电力的信号就可能会因受到影响而不能及时地实行对接保护措施，计算机技术在这样的情况之下也就很难发挥作用。

（二）电力系统自动化中的计算机技术设计

1. 计算机视觉技术的使用

在电力系统的自动化中应用计算机视觉技术，只要是实现在最短的时间之内更加准确地获取到想要的图像信息，而且变电站的系统一般都是以因特网的传输作为核心的，所以就需要设计合理的变电站监控和警戒系统，这样做的好处就是方便随时调取电力系统运行的画面，而且这种监控系统还可以结合多种传感器和视频信号，从而丰富系统内容。一方面，计算机视觉技术的应用主要体现在可以有效地节约电缆的数量，而且在监控的时间上不受任何限制。另一方面，它的检测范围相对比较广泛而且有很强的灵活性，此外，这种监控系统甚至可以分辨人眼识别不了的一些图像。这也就是说计算机视觉技术在电力系统中的应用是十分有必要的，其不但可以在很大程度上丰富监控系统软件的具体功能，同时还可以利用自身的优势去满足电力系统的各项需求。但是，由于图像的类型是复杂多样的，所以图像识别功能还需要进一步的完善和改进。

2. 计算机在电力调度中的使用

计算机技术在电力系统中的有效应用对于简化人工作业来说有很重要的意义。在进行具体的操作时首先要设置操作票，这是必不可少的一个环节，但是由于操作票的工作任务十分繁重，所以在长期的压力之下操作票的工作效率一直不是很理想，所以就需要相关的电力企业根据当前的形势，重新对调度的人员进行合理的编制，并且按照自身的实际情况来完成操作票的生成和存储工作，然后在此基础之上不断地改进和组合直到操作票的最终生成。

状态评估工作和在线潮流的计算工作对于调度人员的工作效率来说也是十分重要的，因为只有有效地完成评估工作才能提高调度人员的工作质量。另外，调度工作人员还要根据电网的具体运行情况来不断地提高自己的反事故能力，并且根据状态评估和在线潮流计算的结果来创新电网运行的方式。

三、发电厂电力系统自动化技术应用

（一）自动化系统的一体化

随着我国节能减排政策的推广和自动化技术的发展，在电力生产方面通过自动化控制机组数量的增加来提高生产水平。例如我国的大型发电厂已经开始通过对控制系统的自动化更新来达到由两机一控到四机一控的技术突破，大大增强了发电效率和节能水平，同时减少了人力成本。不仅帮助电厂内部实现统一管控、实施监督，而且也节省了很大的运行成本和生产过程中的能源消耗；不仅杜绝了无用损耗，更减少了实际消耗。自动化技术既帮助电厂实现了节能减排的生产目标，又提高了企业自身的经济效益，在行业内处于领先水平，增强了企业的知名度和竞争力。

（二）智能自动化产品

在科学技术飞速发展的今天，电厂的自动化技术也更新了一代又一代，通过对自动化控制技术的推广与研究，不但提升了电力企业的生产水平和生产效率，而且帮助电厂实现了统一管理和实时管控，为电厂提供了合理的生产方式，完成了符合社会趋势的生产目标。智能自动化产品的推广不仅维护了企业自身的经济效益，更为国家的可持续发展做出了巨大的贡献。

（三）电厂的网络化集中控制

目前，我国的信息控制技术发展飞快，一些电力企业可以通过对电厂辅助车间系统机室采取集中控制，通过自动化技术控制其位置和技术手段，以此来提升电厂的工作效率。我国已经有类似案例，通过对多个控制室内的辅助系统进行统一，以及通过技术手段整合成为一个完整、庞大的控制系统，这种方式不仅减少了自动化控制的难度，还能减少人力成本，提升控制的效率来完成对发电过程中能耗的管控，间接性减少了作业成本，提高了经济效益。

（四）电力系统中变电站自动化技术的应用

随着计算机技术和物联网技术的介入，变电站自动化运行应运而生。其中包括变电系统的数字化、网络化和信息化改革这样的转变，大大增加了电力系统的运行效率和管理效率，做到通过对各类自动化系统的统一管理，实现变电站的自动化管理新模式。

（五）电力系统中电网调度自动化技术的应用

在发电厂电力系统的运行过程中，每一个运行的环节都需要自动化技术的介入，尤其是电网调度方面，这个环节的工作效率完全依赖于智能自动化技术和计算机技术的合作。一般是通过互联网技术将电力系统的装置互相连接，利用计算机系统对整个电网调度工作进行自动化监控，并定时地自动采集相应的数据，控制电力系统的运行状态，保证电力负荷和需求量在可控范围之内实现智能化管控。

（六）电力系统中智能电网技术的应用

随着计算机科学与技术的不断发展，计算机技术和互联网技术在电力系统中的作用越来越明显，尤其是电力系统在配电、输电、发电、变电等重要环节上的运用。计算机技术在电力系统中进行全系统的智能控制的操作称为智能电网技术，其中包括电力系统从生产电能到用户使用到电能的全部过程，而通信技术在智能电网数字化方面起到了重要的作用，该项技术使电网系统具备可靠性、双向性和实时性。

总而言之，随着我国经济的不断发展和人们生活水平的不断提高，社会对于电能的需求量越来越大，这使得我国的电力系统运行负荷越来越高，成本也随之增大，导致工作效率会因负荷的增加而减少。目前，自动化技术在我国电力方面还有极大的发展空间，相关工作人员应该参考国内外的优秀案例对其进行创新开发，以此达到既能提升我国经济效益，又能更好地服务社会，为我国的可持续发展奠定基础的目的。

参考文献

[1] 霍慧芝，赵菁. 电力系统自动装置 [M]. 重庆：重庆大学出版社，2019.
[2] 张明君，伦淑娴，王巍. 电力系统微机保护 [M]. 北京：冶金工业出版社，2019.
[3] 张家安. 电力系统分析 [M]. 北京：机械工业出版社，2019.
[4] 王耀斐，高长友，申红波. 电力系统与自动化控制 [M]. 长春：吉林科学技术出版社，2019.
[5] 陈生贵，袁旭峰. 电力系统继电保护 [M]. 重庆：重庆大学出版社，2019.
[6] 张文豪. 电力系统数字仿真与实验 [M]. 上海：同济大学出版社，2019.
[7] 韩子娇，杨林，杨晓明. 电力系统网源协调知识题库 [M]. 沈阳：东北大学出版社，2019.
[8] 杨明. 电力系统运行调度的有效静态安全域法 [M]. 北京：机械工业出版社，2019.
[9] 孙丽华. 电力系统分析 [M]. 北京：机械工业出版社，2019.
[10] 王灿，徐明. 电力系统自动装置 [M]. 北京：中国电力出版社，2019.
[11] 韩学山. 电力系统经济运行理论 [M]. 北京：机械工业出版社，2020.
[12] 刘天琪，李华强. 电力系统安全稳定分析与控制 [M]. 成都：四川大学出版社，2020.
[13] 王轶，李广伟，孙伟军. 电力系统自动化与智能电网 [M]. 长春：吉林科学技术出版社，2020.
[14] 任晓丹，刘建英. 电力系统继电保护 [M]. 北京：北京理工大学出版社，2020.
[15] 于淼. 电力系统广域阻尼控制在线协调优化研究 [M]. 北京：知识产权出版社，2020.
[16] 刘娟. 电力系统继电保护信号识别与分析 [M]. 重庆：重庆大学出版社，2020.
[17] 王俊. 电力系统分析 [M]. 2 版. 北京：中国电力出版社，2020.
[18] 孔庆东. 电力系统调相调压计算 [M]. 北京：中国电力出版社，2020.
[19] 周长锁，史德明，孙庆楠. 电力系统继电保护 [M]. 北京：化学工业出版社，2020.

[20] 孟祥萍，高嬿. 电力系统分析［M］. 3 版. 北京：高等教育出版社，2020.
[21] 张恒旭，王葵，石访. 电力系统自动化［M］. 北京：机械工业出版社，2021.
[22] 滕福生，滕欢，周步祥. 电力系统调度自动化和能量管理系统［M］. 2 版. 成都：四川大学出版社，2021.
[23] 潘月斗，李擎，李华德. 电力拖动自动控制系统［M］. 3 版. 北京：机械工业出版社，2021.
[24] 郭廷舜，滕刚，王胜华. 电气自动化工程与电力技术［M］. 汕头：汕头大学出版社，2021.
[25] 陈荣. 电力电子技术［M］. 北京：机械工业出版社，2021.
[26] 韩常仲，蔡锦韩，王荣娟. 电气控制系统与电力自动化技术应用［M］. 汕头：汕头大学出版社，2022.
[27] 顾丹珍，黄海涛，李晓露. 现代电力系统分析［M］. 北京：机械工业出版社，2022.
[28] 孙秋野. 电力系统分析［M］. 北京：机械工业出版社，2022.
[29] 李岩，张瑜，徐彬. 电气自动化管理与电网工程［M］. 汕头：汕头大学出版社，2022.
[30] 黄頔. 电力系统 PLC 与变频技术［M］. 重庆：重庆大学出版社，2022.